기초실무

[안면 피부관리]

이연희 · 홍승정 · 장매화· 김현화· 종서우 공저

光文閣
www.kwangmoonkag.co.kr

머리말

피부관리는 단순한 피부의 개선을 목적으로 하는 것에서 현재에는 정신적, 정서적인 측면에서의 만족을 요구하고 있다. 따라서 테크닉이나 고객을 대하는 자세 및 매너, 환경 등의 세심한 배려가 필요하다.

본 교재는 피부관리를 처음 입문하는 초보자를 위하여 실제 피부관리에서 이루어지는 방법을 쉬운 설명과 함께 누구나 쉽게 적용할 수 있도록 구성하였으며, 특히 가장 기초이자 기본이 되는 안면 피부관리 테크닉을 위주로 구성하여 누구나 쉽게 이해하고, 올바로 적용할 수 있는 기본 지침서로 활용되기 바란다.

최선을 다해 집필하였으나 다소 미비한 부분은 앞으로도 계속 수정, 보완해 나갈 것이며, 여러분들의 조언을 부탁한다.

끝으로 이 책을 출간하는데 도움을 주신 광문각출판사 박정태 사장님과 임직원 여러분께 깊은 감사를 표한다.

2012년 2월

저자 일동

목차

기초실무

[안면 피부관리]

01 | 피부의 구조

1. 피부의 구조

신체의 외부를 둘러싸고 있는 조직인 피부는 외부 환경과 접하고 있으면서 여러 가지 물리적, 화학적, 생물학적 환경으로부터 생체를 보호하며 내부 환경을 유지하는 역할을 한다. 건강한 피부는 적당한 수분과 부드러움, 유연성을 가지며 약산성을 유지한다. 또한 재생기능을 가지고 있으며, 미생물과 이물질의 침입을 막아주는 역할을 한다. 피부는 표피, 진피, 피하지방층으로 이루어져 있다.

<피부의 구조>

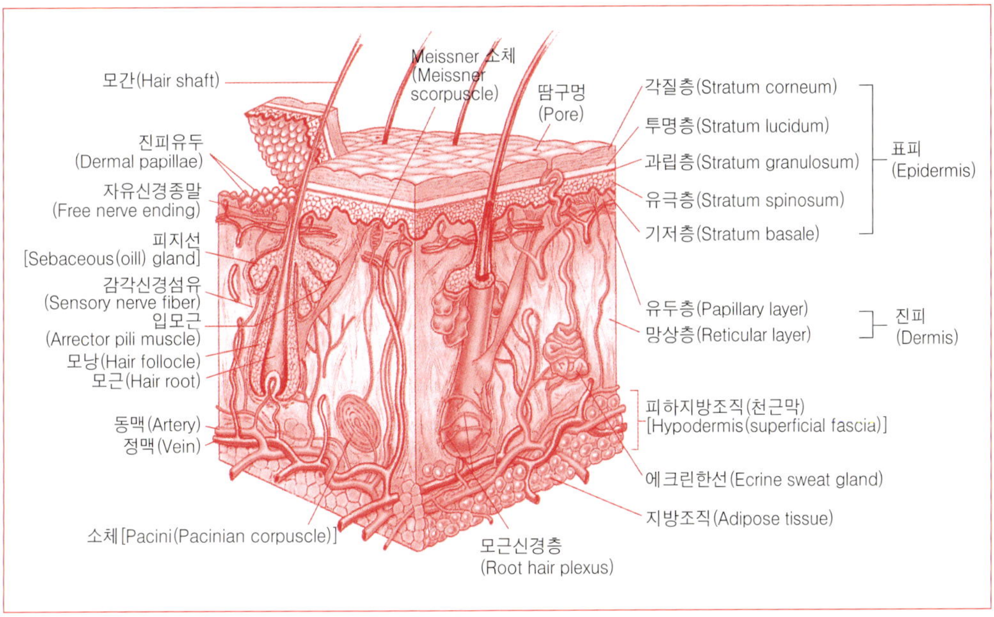

1) 표피

(1) 구조

1 각질층

무핵의 세포로 20~25개의 층을 이루며 15~20%의 수분함유량을 가진다. 수분함유량이 10% 이하이면 피부가 거칠고 건조하게 된다. 피부표면에 가까울수록 납작하고 길쭉한 모양이 되며 세포 간 응집력을 잃은 각질이 탈락한다. 각질층은 체외로 유수분이 방출되는 것을 막고, 체외의 세균이나 유해물질 및 자극으로부터 피부를 보호한다.

2 투명층

무핵의 납작하고 투명한 2~3개의 세포로 손바닥, 발바닥에서만 관찰된다. 엘라이딘(elaidin)이라는 반유동성 물질은 물을 싫어하는 성질이 있으며 빛을 차단하는 역할을 한다.

3 과립층

2~5층의 무핵세포로 각질화가 시작된다. 케라토하이알린(keratohyaline)과립이 있으며, 위쪽에는 수분증발 저지막이 존재하여 외부로부터의 이물질 침입 방어 및 외부로 수분이 증발되는 것을 막는다.

4 유극층

5~10층의 유핵 세포층의 가시층으로 피부면역을 담당하는 랑게르한스 세포(langerhans cell)가 존재한다. 큰 타원형의 세포들 사이에는 림프액이 흘러 혈액순환과 물질교환을 이루게 한다.

5 기저층

단층의 재생층으로 진피층과 물결무늬 무양으로 접하며 지문을 형성한다. 진피층의 혈관을 통하여 영양분을 공급받으며, 멜라닌 색소를 만들어내는 멜라닌 세포와 기저세포가 4~10:1의 비율로 존재한다.

(2) 표피의 구성 세포

1 각질형성세포 (keratinocyte)

각질층, 투명층, 과립층, 기저층의 세포들로서 각화과정에 포함된 세포들을 말한다. 기저층에서는 새로운 세포가 생성되고 각질층에서는 탈락이 반복되는 각화주기는 28일이다.

2 멜라닌 형성세포(melanocyte)

표피에 존재하는 세포의 약 5%를 차지하고 대부분 기저층에 위치한다.

멜라닌소체(melanosome)를 합성, 자외선을 흡수하여 피부 손상을 막는다.

3 랑게르한스세포(langerhans cell)

유극층에서 발견되며 항원을 탐지하여 림프구에 전달하는 역할을 한다.

4 머켈세포(merkel cell)

기저층에 위치하며 촉각을 감지하는 역할을 하는 촉각 세포이다. 주로 손바닥, 발바닥, 입술 등 모발이 없는 피부에서 발견된다.

2) 진피

표피 두께의 약 10배로 피부의 90% 이상을 차지하는 층으로 혈관, 림프관, 지각 신경, 자율 신경, 피지선, 한선이 존재한다.

(1) 구조

1 유두층

진피와 접하는 부분으로 표피 쪽으로 둥글게 돌출되어 돌기, 즉 유두를 형성한다. 신경과 혈관 등이 있으며 신경 말단의 일부는 감각소체를 형성하여 촉감, 압통감 등의 감각을 느낀다. 손바닥, 발바닥 지문은 이 유두와 일치한다. 노화가 진행됨에 따라 피부의 파형은 편평해진다.

2 망상층

진피의 80%을 차지하며 콜라겐, 엘라스틴, 섬유조직, 세망섬유, 기질 등으로 이루어진다. 혈관, 신경관, 림프관, 땀샘, 기름샘, 털세움근, 털 등이 분포한다.

(2) 진피의 구성

1 교원섬유(collagen fiber, 아교섬유)

진피에 장력을 제공하여 물리적, 생화학적 자극에 강한 저항력을 가진다.

2 탄력섬유(elastic fiber)

1.5배까지 늘어나며 피부에 탄력성을 제공한다.

3 기질(ground substance)

뮤코다당류로 히아루론산, 콘드로이친 황산염, 헤파린 황산염 등의 점다당질로 구성된다. 진피 내 세포 사이를 메우고 있으며, 결합수로서 생체 내에서 쉽게 마르거나 얼지 않는다.

3) 피하지방층

지방세포로 이루어져 에너지 저장고의 역할과 충격을 흡수하는 쿠션의 역할을 한다. 또한 수분 조절 및 보온기능, 몸의 곡선을 나타낸다.

2. 피부의 부속기관

1) 피지선

홀로크린(holocrine)샘으로 피지 세포가 붕괴되어 피지를 생산, 모공을 통해 배출된다. 피부에 300만 개 이상 분포하며, 1일 1~2g정도 분비되며 안드로겐에 의해 지배를 받는다. 큰 피지선(T존, 등, 목, 가슴), 작은 피지선(손바닥과 발바닥을 제외한 전신), 모낭과 연결되지 않아 피부표면으로 직접 분비되는 독립피지선(입술, 성기, 유두, 눈점막)이 있으며, 손바닥과 발바닥에는 피지선이 없다. 피지는 중성지방, 왁스, 스쿠알렌, 지방산, 콜레스테롤로 구성되어 있다. 작용은 수분증발 억제, 살균, 유화이다.

2) 한선

땀을 분비하여 체온을 조절하고 노폐물을 제거한다. 피부에는 약 100만 개 이상의 땀샘이 있으며 1일 1.2ℓ 정도의 땀을 분비한다. 기능은 신체 내의 노폐물 배설, 피지와 함께 피부 유화 및 약산성 유지, 뇌의 시상하부에 의한 체온조절을 한다. 전신에 분포하는 소한선(에크린선)과 겨드랑이, 배꼽, 외음부 등에 분포하는 대한선(아포크린선)이 있다.

3) 헤어

케라틴으로 구성되며, 한랭과 마찰을 막아주는 신체보호 역할과 촉각을 전달하는 기능, 장식 등의 역할을 한다. 모발은 자외선으로부터 두피를 보호하고 눈썹이나 속눈썹은 햇볕이나 땀으로부터 눈을 가려서 보호하는 역할을 한다. 콧속의 털은 외부로부터 유입된 이물질을 걸러주며 피부가 접히는 부위의 털은 마찰을 감소시키는 기능을 한다. 헤어는 성장기, 퇴행기, 휴지기를 갖는다.

4) 털세움근

자율신경의 지배를 받는 불수의근이다. 무서움 등 감정이 긴박한 상황일 때 근육을 수축하여 털을 세우는 기능을 한다.

5) 조갑

표피의 각질층이 변화한 경케라틴으로 외부 자극 및 유해물질 침입을 방지하는 보호역할과 물건을 집을 때의 받침대 역할 및 장식적 효과를 가진다.

02 | 피부미용

1. 피부미용의 정의(Definition of Esthetics)

① 안면 및 전신의 피부에 물리적 또는 화학적인 방법을 이용하여 피부의 생리기능을 자극함으로써 건강하고 아름다운 피부를 유지시키는 미용 기술이다.

② 피부는 건강을 유지하기 위한 생리기능을 가지고 있으나 이것은 연령, 계절, 환경, 생활 조건 등에 의하여 변화되어 가고 있다. 이러한 내·외적인 요인으로 인한 미용상의 문제를 예방하고, 아름답고 건강한 피부를 유지하기 위하여 전신의 피부를 관리하는 미용술이다.

③ 피부미용(Esthetics)이라는 명칭은 약 200년 전 독일의 미학자 '바움갈텐' 이 미(美)에 대한 의미로 처음 사용하였다.

④ 피부관리는 미용의 한 부분으로 미(美)의 손질 및 형태를 이룬다.

⑤ 피부미용의 일반적인 뜻은 안면의 피부관리(facial treatment), 전신미용(body care), 메이크업(make-up), 패디큐어 (pedicure), 탈모(depilation) 등에 관한 전문적인 피부 및 전신관리라고 말할 수 있다.

⑥ 피부미용(Esthetic : 피부관리, 피부미용)은 얼굴과 전신의 피부, 발톱, 손톱 및 전신의 상태를 개선하고 아름답게 미화시키는 예술인 동시에 과학적인 학문이다.

2. 피부미용사(Esthetician)

공중위생관리법(제6조 제1항 제4호)
미용사(피부) : 미용사자격증을 취득한 자로서 미용사 면허를 받은 자로 의료기기나 의약품을 사용하지 아니하는 피부 상태 분석·피부관리·제모·눈썹 손질을 한다.

① 피부생리, 병리에 대한 지식과 피부관리(피부미용)에 대한 기술을 가진 훈련받은 전문가로서 피부보호를 위한 예방법을 알려주고, 피부를 건강하고 매력적으로 유지하기 위한 시술을 해주는 사람이다.
② 대상자의 피부를 관리하여 아름다움과 건강을 북돋아 주는 전문가이다
③ 전문 직업인으로 인체에 대한 깊은 지식과 숙련된 기술은 물론 올바른 윤리관, 직업관을 갖추며, 대상자인 인간에 대한 전반적인 이해를 할 수 있어야 하고, 전문적 기술로서 시술하고, 또한 고객에 대한 상담과 피부분석을 통하여 적합한 화장품을 이용하여 미용적인 시술을 한다.

3. 피부미용사의 태도 및 매너

성공적인 피부미용사로서의 신분은 고객들이 자신을 얼마만큼 좋아하고, 신뢰하느냐의 정도에 따라 좌우된다. 즉, 고객에게 주는 첫인상은 계속적으로 지속된다는 점을 유의해야 된다.

1) 전문가로서의 자세

(1) 지식력

화장품, 미용, 건강, 식이요법, 패션, 피부의학 등에 관해 손님을 능가하는 실력을 가지고 있어야 한다.
① 기초 지식
② 전문용어 및 이론

(2) 설득력

고객의 입장을 충분히 이해하고 무엇을 원하는지를 잘 파악하여 해결책을 제시하고, 고객의 입장에서 이해하기 쉽게 설명할 수 있어야 한다.
① 이해력
② 분석력
③ 표현력

(3) 지도력

올바른 조언과 충고를 통해 고객의 문제를 해결하고 미적 욕구의 실현 방향을 명확히 제시할 수 있어야 한다.

2) 피부미용사의 매너, 태도 및 위생

① 모범적인 태도와 자기관리를 한다.
② 화를 내지 않는다.
③ 정직하고 공정하게 모든 고객을 상대해야 한다.
④ 우아한 표현과 상냥함을 잃지 말아야 한다.
⑤ 공손한 태도를 취한다.
⑥ 유머 감각을 익혀둔다.
⑦ 모든 고객을 VIP로서 응대한다.
⑧ 약속 및 예약은 반드시 지켜야 하며 의무에 충실해야 한다.
⑨ 피부관리실의 규정과 규율은 꼭 지킨다.
⑩ 항상 바른 자세를 취한다.
⑪ 진한 메이크업이나 불필요한 액세서리는 피한다.(기기관리 시에는 액세서리 탈의)
⑫ 항상 전문직업인으로서의 자세를 잃지 않는다.
⑬ 항상 밝은 표정으로 대화한다.
⑭ 항상 밝고 미소 띤 표정을 잃지 않는다.
⑮ 모든 일에 있어 강제성을 띠지 않는다.
⑯ 항상 고객의 건강 상태에 유의하여야 한다.
⑰ 피부관리 시 모든 손놀림은 편안하고, 정확하며, 항상 한 손은 피부표면에 댄 채 교차한다.
⑱ 피부미용사는 건강(육체적, 정신적)한 상태에서 긍정적 사고방식으로 고객을 수용할 자세가 되어 있어야 한다.
⑲ 간질성 병이나 신경질적이거나 다한증이면 곤란하며, 손님에 대하여 어떤 경우에는 놀람을 표시해서는 안 된다.
⑳ 장소(Salon)는 깨끗하고 편안한 환경이어야 하며, 고객의 마사지를 받지 않는 다른

몸 부위는 따뜻하게 하여야 한다.

㉑ 상처가 생기지 않도록 손톱을 짧게 하고, 손은 부드럽게 한다. 시술 시 크림이 고객의 눈, 코, 입에 들어가지 않도록 주의한다.

㉒ 피부미용사는 전반적인 상식을 갖추고 고객이 궁금해 하는 상담에 응할 수 있는 교양을 갖추어야 한다.

㉓ 머리는 흘러내리지 않도록 단정히 묶는다.

㉔ 피부미용사의 가운은 밝은 톤을 선택하고, 항상 청결히 착용한다.

㉕ 소리 나지 않는 실내화를 착용한다.

㉖ 몸의 악취와 구취가 없도록 한다.(마스크 착용)

㉗ 항상 손을 따뜻하게 하며, 새로운 고객을 시작할 때는 반드시 비누로 씻는다.

3) 피부미용사로서 성공하기 위해 꼭 피해야 할 사항

① 고객과 개인 신상에 관한 이야기를 하는 것

② 일할 때 나쁜 자세를 취하는 것

③ 잡담을 하거나 모욕적인 말을 하는 것

④ 고객의 사생활을 캐묻는 것

⑤ 고객 앞에서 TV를 틀거나 라디오를 크게 트는 것

⑥ 제품을 권유하면서 타사 제품을 비방하는 것

⑦ 속어, 은어, 불경스런 말을 하는 것

⑧ 고객의 나쁜 버릇을 꼬집어 이야기하는 것

⑨ 불평하는 것

⑩ 고객에게 부자연스런 매너를 보이는 것

4) 대화의 매너

고객과의 대화 시 고객의 마음 상태를 이해하도록 노력하고, 고객의 관심과 무드에 대화의 초점을 맞추어야 한다.

① 가능한 논쟁적이거나 은어를 사용해서는 안 된다.

② 유쾌한 대화를 통해 우호관계를 형성할 수 있다.
③ 훌륭한 언어 사용의 능력을 갖춘다.
④ 대화 중에 다루어야 할 화제

- 고객의 개인적인 관심사
- 고객의 생활 분야
- 패션
- 문화
- 미술
- 음악
- 교육
- 여행 및 여가
- 사회적인 공동 관심사

5) 자세와 균형

올바른 자세는 피로를 막아주며, 전문 직업인으로서의 일상 업무와 관련하여 자신의 건강유지와 품위를 보여줄 수 있다. 좋은 자세는 신체장애를 예방하는데 도움이 되며, 균형 잡힌 몸가짐과 모범적인 태도는 지식이나 기술만큼 중요하다.

(1) 서 있는 자세

① 체중을 발뒤꿈치가 아닌 발바닥에 둔다.
② 어깨는 뒤로 젖힌다.
③ 허리는 곧게 편다.
④ 배는 안으로 집어넣도록 한다.
⑤ 머리를 뒤로 들어준다. 이는 자신감 있어 보이며 어깨의 통증을 감소시킨다.

(2) 앉는 자세

① 무릎 아래는 다리를 곧게 펴고 앉는다.
② 무릎을 고르게 하고 의자에 앉는다. 위아래의 다리가 직각이 되도록 한다.
③ 허벅지의 무게는 척추 끝이 아니라 대퇴골에 가도록 한다.

④ 허리는 쭉 편다.

⑤ 의자의 높이를 잘 맞추어 일을 할 때 팔꿈치 위와 아래의 팔의 각도가 적절하게 유지되도록 한다.

4. 피부관리실의 환경

1) 관리실의 내부 환경

① 환기가 잘되고 은은한 조명이어야 한다.(간접조명)

② 냉, 난방이 설치되어 있어야 한다.

③ 편안하고 안정감을 갖는 색을 사용하여 환경을 조성한다.

④ 바닥은 청소하기 쉬운 재질을 이용한다.(카펫 사용은 주의)

⑤ 냉, 온수의 사용이 편리해야 한다.

⑥ 방음시설이 되어 있어야 한다.

⑦ 의자와 침대는 닦을 수 있는 재질을 사용한다.

⑧ 애완동물은 출입을 금한다.

⑨ 쓰레기통은 뚜껑이 있는 것을 사용하며, 자주 비워준다.

⑩ 경영자의 면허증, 사업자등록증은 벽면에 걸어둔다.

⑪ 항상 청결한 분위기를 유지한다.

⑫ 조용한 클래식 음악을 튼다.

2) 관리실의 위생

① 크림은 항상 화장품용 주걱(spatula)를 사용하며, 한번 덜어낸 제품은 다시 넣지 않도록 한다.

② 해면, 브러시, 머리빗 등은 자외선소독기를 이용하여 소독한다.

③ 알코올을 비치해 도구나 손 소독 시 사용한다.

④ 터번은 고객이 올 때마다 바꾸어준다.

⑤ 습포는 한 번 사용 후 살균, 소독한다.(삶는 방법)

⑥ 고객이 새로 올 때마다 혹은 두피를 만졌을 시에는 비누로 손을 꼭 씻도록 한다.

03 상담차트

1. 상담

상담은 고객이 처음 관리실을 방문하였을 때, 고객과의 만남이 진지하게 이루어지는 첫 순간으로, 짧은 시간에 고객으로부터 신뢰감을 얻음으로써 고객의 요구 사항에 부응하고 시술할 피부관리 절차 및 방법을 설명함으로써 고객의 이해를 돕는 과정이라 할 수 있다. 그러므로 보다 세련되고 전문적인 상담 기술이 필요하며, 전문적 지식과 고객의 마음을 읽는 기술이 필요하다. 또한 성공적인 상담은 고객이 지속적으로 관리실을 방문하는데 중요한 역할을 한다.

2. 상담 시 고객차트 작성

고객카드 작성은 올바른 상담을 위해서 서로에게 필요한 기초 자료이다. 또한 고객과 자연스럽게 친해 질 수 있는 첫 수단이기도 하다. 상담 전에 자연스러운 분위기로 대화를 유도하여 고객카드를 작성하는 것이 좋으며, 관리사는 카드 작성 시 전체 관리 계획을 구상해야 한다.

3. 피부분석

피부관리를 시작하기 전 피부분석을 통하여 피부 유형을 결정하는 것은 필수적인 작업으로, 고객의 피부 유형에 맞는 올바른 피부관리법를 결정하기 위하여 피부분석은 매우 중요한 사항이라 할 수 있다. 메이크업을 깨끗이 지운 상태에서 이루어져야 하며, 확대경이나 우드램프를 사용할 경우 아이패드를 덮어 눈을 보호해야 한다.

1) 피부분석 방법

1 문진법

병력, 연령, 직업, 가족관계, 환경 등에 관한 질문에 고객이 답변한 것을 상세하게 기록한다. 질문은 고객의 입장에서 쉽게 대답할 수 있도록 체계적이고 구체적으로 질문한다.

2 촉진법

실제로 만져보는 촉감을 통하여 피부를 측정한다. 피부의 탄력감, 피부의 두께, 매끄러움, 거칠음, 조직의 두께, 유분의 함량 등을 관찰한다.

3 견진법

육안으로 직접보거나 피부분석기, 확대경, 우드램프로 피부를 식별하여 피부 조직의 입자, 모공의 크기, 피부 투명도, 건조 상태, 여드름 등의 문제점과 모세혈관 상태 등을 관찰한다.

2) 피부 유형 분류

1 정상 피부

피부조직의 모든 상태와 생리 기능이 정상적인 상태로 가장 이상적인 피부이다.

① 수분과 피지의 분비 균형을 유지한다.
② 피부 결이 섬세하며 부드럽고 탄력 있다.
③ 번들거림이나 끈적임이 없다.
④ 색소침착이나 여드름이 없다.
⑤ 세안 후 당김 현상이 별로 없다.

2 건성 피부

피부의 내적, 외적 원인으로 수분과 피지의 분비가 부족하여 피부가 거칠어진 상태로 유분 부족의 건성 피부와 수분 부족의 건성 피부로 나눌 수 있다.

① 피부결이 거칠고 각질이 쉽게 일어난다
② 당기고 건조하다.

③ 잔주름이 생기기 쉽다.
④ 세안 후 피부가 당긴다.
⑤ 모공이 잘 보이지 않으며 피부가 탄력 있는 편이다.
⑥ 적절한 보습 관리로 정상적인 상태로 쉽게 유지된다.

3 지성 피부

피지선과 한선의 활동이 활발하여 피지 분비가 많은 피부로 주로 젊은 층에 많다. 피부가 번들거려 지저분하게 보이지만 다른 피부 유형에 비해 비교적 노화가 덜 된다는 장점이 있다.

① 피부 표면이 두껍고 거칠다
② 모공이 넓으며 피부색이 칙칙하다
③ 번들거리며, 시간이 지나면 화장이 쉽게 지워진다.
④ 잔주름이 잘 생기지 않으나 주름이 생기기 시작하면 굵고 깊게 생긴다.
⑤ 여드름 등 염증이 생기기 쉽다.

4 복합성 피부

얼굴 부위에 따라 서로 다른 피부 유형이 복합적으로 공존하는 피부 유형이다. 일반적으로 T존 부위는 피지분비가 많은 지성이고 U존은 건성이다.

5 민감성 피부

피부조직이 정상 피부보다 섬세하고 얇아서 외부 환경적 요인에 민감한 반응을 나타낸다.

① 피부 조직이 섬세하다.
② 피부 표면이 얇고 실핏줄이 보인다
③ 작은 자극에도 쉽게 붉어지거나 따가움을 느낀다.
④ 색소침착이 쉽게 생길 수 있다.
⑤ 외부에 대한 저항력이 약하다.

6 노화 피부

내인성 노화와 외인성 노화로 나뉜다.

① 피부에 잔주름과 깊은 주름이 많다.
② 안색이 나쁘며 피부 결이 거칠다.

③ 콜라겐, 엘라스틴의 감소로 탄력이 감소하며 처진다.
④ 건조하며 색소침착이 일어난다.
⑤ 랑게르한스 세포의 감소로 저항력과 면역력이 떨어진다.
⑥ 피지분비가 감소한다.

7 색소침착 피부

생체 내에 색소가 병적으로 나타나서 불규칙한 형태의 갈색 색소가 대칭적으로 나타나는 현상이다. 발생 원인은 자외선, 여성호르몬, 건강장애, 화장품, 스트레스 등 다양한 요인의 복합적 작용에 의한다.

8 모세혈관확장 피부

선천적 또는 후천적 요인에 의해 모세혈관이 약화되거나 확장, 파열되어 피부 표면에 붉은 실핏줄이 보이는 피부이다.

9 여드름 피부

남성호르몬의 영향으로 피지가 과잉 분비되고, 증식된 각질로 인해 모공이 막히고 세균이 번식되어 발생한다. 비염증성 여드름과 염증성 여드름이 있다.

<고객 차트>

1. 고객 정보

성 명		생년월일	
직 업		직업	
전화번호	집)	주소	집)
	휴대폰)		직장)
결혼여부	□ Yes □ No		
관리실 이용동기	□ 잡지광고 □ 소개(소개하신 분 :) □ 매장 □ DM □ 카달로그		

2. 개선하고 싶은 피부의 문제점은 무엇입니까? (복수 응답)

□ 기미/검버섯 □ 예민한 피부 □ 블렉헤드
□ 잔주름 □ 깊은 주름 □ 심한 건성
□ 피부 각질 □ 눈가의 주름 □ 여드름/뾰루지
□ 늘어진 모공 □ 탄력 없음 □ 칙칙한 피부
□ 눈에 띄는 모세혈관 □ 심한 지성 □ 건조하여 갈라진 팔꿈치/ 무릎
□ 셀룰라이트 □ 등/가슴의 여드름 □ 푸석푸석하고 부은 피부

3. 마사지 시 어떤 강도를 원하십니까?

□ 강함 □ 중간 □ 약함

4. 현재 사용하고 있는 제품은 어느 브랜드입니까?

---

5. 피부관리를 받은 적이 있습니까? □ Yes □ No

6. 어떤 종류의 피부관리를 받으셨습니까?

---

7. 기타

1) 렌즈를 착용하십니까 ? □ Yes □ No
2) 알레르기가 있습니까 ? □ No □ Yes (알레르기 종류 :)
3) 현재 복용 중인 약이 있습니까? □ No □ Yes (종류 :)
4) 피부관리 시 주의해야 할 사항이 있다면 적어 주십시오.

<피부 분석 차트>

PART 1.

1. Skin texture	□ Thin	□ Medium	□ Thick	
2. Skin Moisture	□ Low	□ Average	□ High	
	□ Deep Dehydration	□ Superficial Dehydration		
3. Muscle Tone	□ Good	□ Average	□ Poor	
4. Facial Wrinkles	□ Deep Wrinkle	□ Crow's Feet	□ Fine Lines throughout face	
5. Sensitivity	□ Normal	□ Sensitive	□ Poor	
6. Blood Circulation	□ Good	□ Average	□ Poor	
7. Broken Capillaries	□ Nose Area	□ Cheek Area	□ Chin Area	
	□ Forehead □ Nose			
8. Sebaceous Secretion	□ Alipic	□ Normal	□ Oily	
	□ Asphyxic	□ Acne	□ Comedonal	
9. Acne Condition	1) Non-inflammatory	□ Whitehead	□ Blackhead	
	2) Inflammatory	□ Pusture	□ Nodule	
		□ Enlarge Pore	□ Acne Scar	
10. Pigmentation	□ Even	□ Uneven	□ Birthmark	
	□ Pregnancy mark	□ Some Freeking	□ Heavy Freeking	
11. UV Sensitivity	□ Ⅰ □ Ⅱ	□ Ⅲ	□ Ⅳ	□ Ⅴ
12. Skin Type	□ Oily	□ Combination	□ Dehydration	
	□ Dry	□ Sensitive	□ Problem Acne	□ Couperose

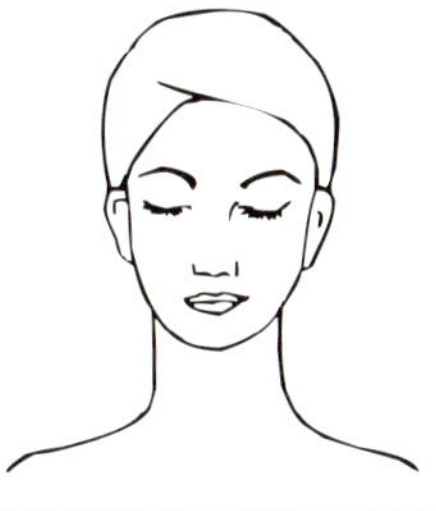

관리 시 주의 사항	기 타

NO.
고객 이름
관리사 이름

PART 2. Therapist Report

/	Remark
MENO	
/	Remark
MENO	
/	Remark
MENO	
/	Remark
MENO	
/	Remark
MENO	
/	Remark
MENO	
/	Remark
MENO	

04 근육

<그림 1. 얼굴과 목근육>

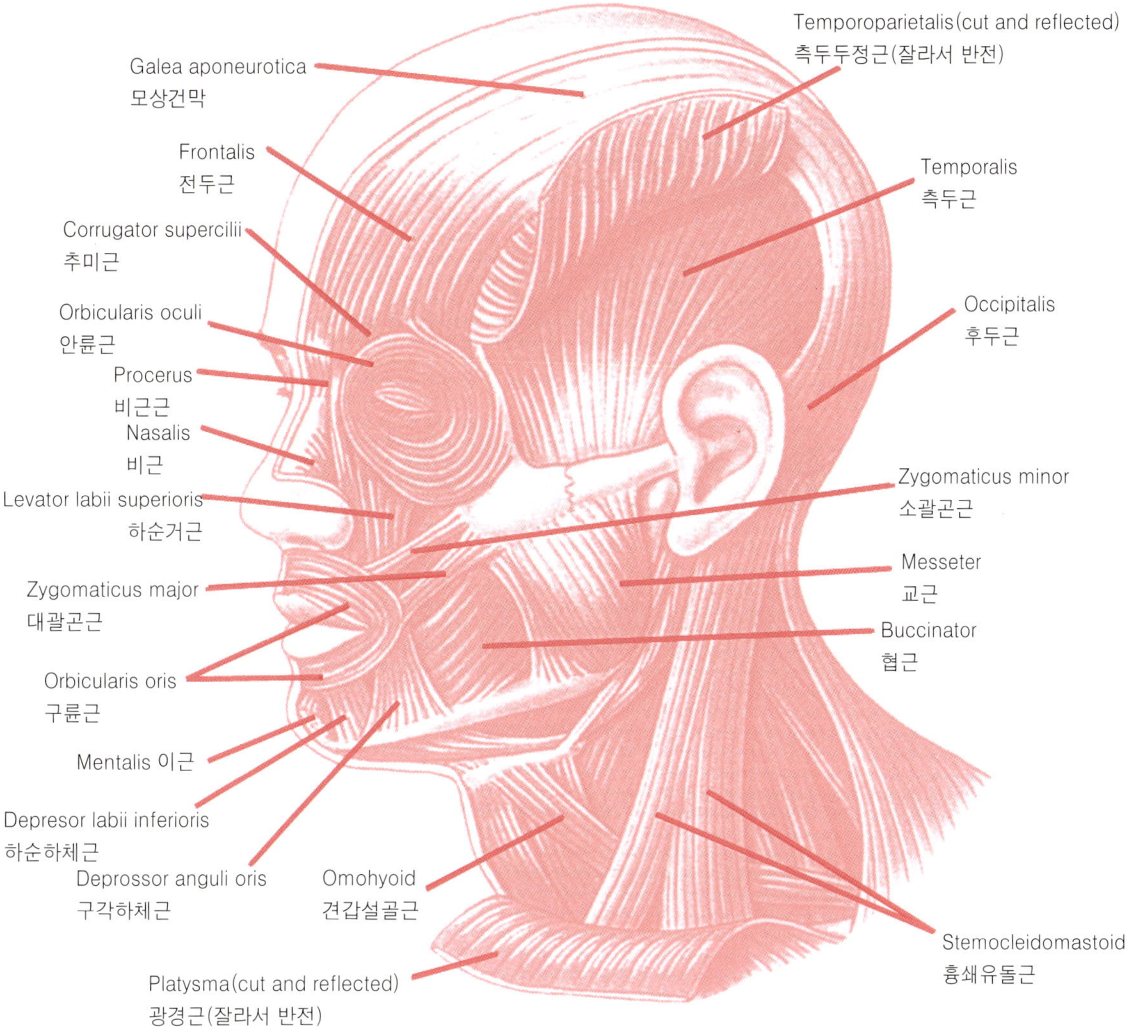

<그림 2 두개골 그림>

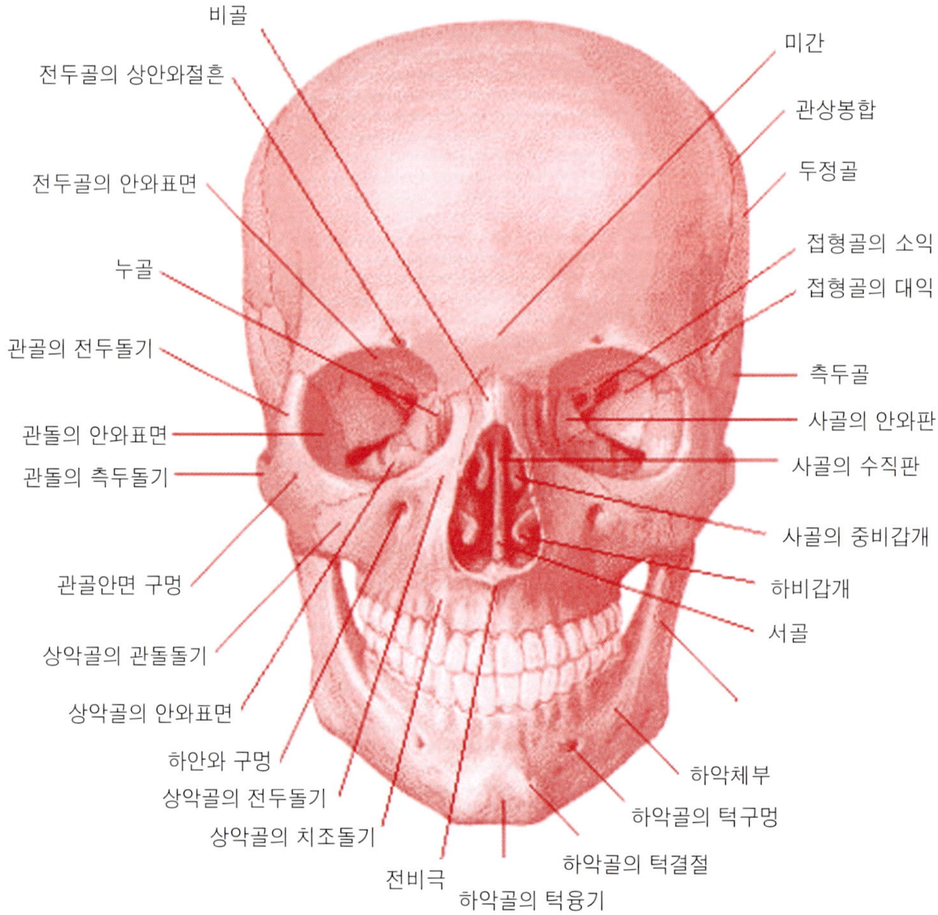
비골
전두골의 상안와절흔
전두골의 안와표면
누골
관골의 전두돌기
관돌의 안와표면
관돌의 측두돌기
관골안면 구멍
상악골의 관돌돌기
상악골의 안와표면
하안와 구멍
상악골의 전두돌기
상악골의 치조돌기
전비극
하악골의 턱융기
미간
관상봉합
두정골
접형골의 소익
접형골의 대익
측두골
사골의 안와판
사골의 수직판
사골의 중비갑개
하비갑개
서골
하악체부
하악골의 턱구멍
하악골의 턱결절

1. 얼굴 근육(안면근)

1) 두개표근(muscles of the scalp)

머리를 둘러싸고 있는 피부 중 이마와 두피 부분의 중요한 근

1. 이마근(전두근, frontalis) : 눈썹을 위로 당겨 놀란 표정을 만들고, 이마에 주름을 만든다.
2. 뒤통수근(후두근, occipitalis) : 두피를 뒤로 당긴다.
3. 측두두정근(temporoparietalis) : 모상건막을 옆으로 당긴다.

2) 눈주위 근육(muscles of the eye)

눈가의 주름을 형성하는데 관여하는 근들로서 눈둘레근(안륜근), 눈썹주름근(추미근), 미모하체근(눈썹내림근) 등이 있다.

1. 눈둘레근(안륜근, oribicularis occuli) : 눈을 꼭 감게 하거나 윙크할 때 눈을 살짝 감게 한다.
2. 눈썹주름근(추미근, corrugator supercilii) : 미간에 주름을 만든다.
3. 미모하체근(눈썹내림근, depressor supercilii) : 눈썹을 밑으로 당긴다.

3) 코주위 근육(muscles of the nose)

1. 코근(비근, nasalis) : 콧구멍의 크기를 조절한다.
2. 비중격하체근(비중격내림근, depressor septnasi) : 콧끝의 움직임을 조절한다.

4) 입주위 근육(muscles of the mouth)

1. 입둘레근(구륜근, orbicularis oris) : 입을 닫고 입술을 오므린다. 휘파람을 불 때

입 모양을 만든다.

2 볼근(협근, buccinator) : 입안의 압력을 유지하고 성난 표정을 만든다.

3 큰권골근(대괄곤근, zygomaticus major) : 구각을 외, 상방으로 당겨 웃는 표정을 만든다.

4 작은권골근(소괄곤근, zygomaticus minor) : 윗입술을 위로 당겨 부정적인 표정을 만든다.

5 위입술올림근(상순거근, levator labii superioris) : 윗입술 위측부를 위로 당겨 싫은 표정을 만든다.

6 상순비익거근(levator labii superioris alaeque nasi) : 윗입술을 위로 당기며 코에 주름을 만든다.

7 입꼬리올림근(구각거근, levator anguli oris) : 구각을 위로 당긴다.

8 입꼬리당김근(소근, rigorous) : 구각을 외방으로 당겨 볼에 보조개를 만든다.

9 입꼬리내림근(구각하체근, depressor anguli oris) : 구각을 하방으로 당겨 슬픈 표정을 만든다.

10 아랫입술내림근(하순하체근, depressor labii inferioris) : 아랫입술을 하.내방으로 당겨 입을 삐죽 내밀게 만든다.

11 턱근(이근, mentalis) : 턱 피부에 주름을 만든다.

5) 씹기 근육(저작근, muscles of mastication)

1 깨물근(교근, masseter) : 하악골을 위로 당긴다.

2 관자근(측두근, tmporalis) : 하악골을 상, 후방으로 당긴다.

3 내근날개근(내측익돌근, medial pterygold) : 하악골을 상, 외측으로 당긴다.

4 외측날개근(외측익돌근, lateral pterygold) : 하악골을 앞으로 당기며 턱을 연다.

6) 목의 근육(경부의 근, muscles of the neck)

1 넓은목근(광견근, platysma) : 목의 전면과 외측면에 걸쳐서 피하에 넓게 퍼져 있는 얇은 한 쌍의 근으로 목의 주름을 잡고 구각을 하방으로 당겨 슬픈 표정을 만든다.

2 흉골쇄골유돌기근(흉쇄유돌근, stemocleidomastoid) : 좌, 우측 어느 한 쪽 근육만 수축하면 얼굴을 반대편으로 돌리며 턱을 올리고, 양쪽이 동시에 수축하면 얼굴이 위로 향하게 된다. 목의 앞쪽에 있는 근육들이 보조적으로 작용하면 목을 굴곡시킨다.

05 | 지압점

<그림 3. 안면 지압점>

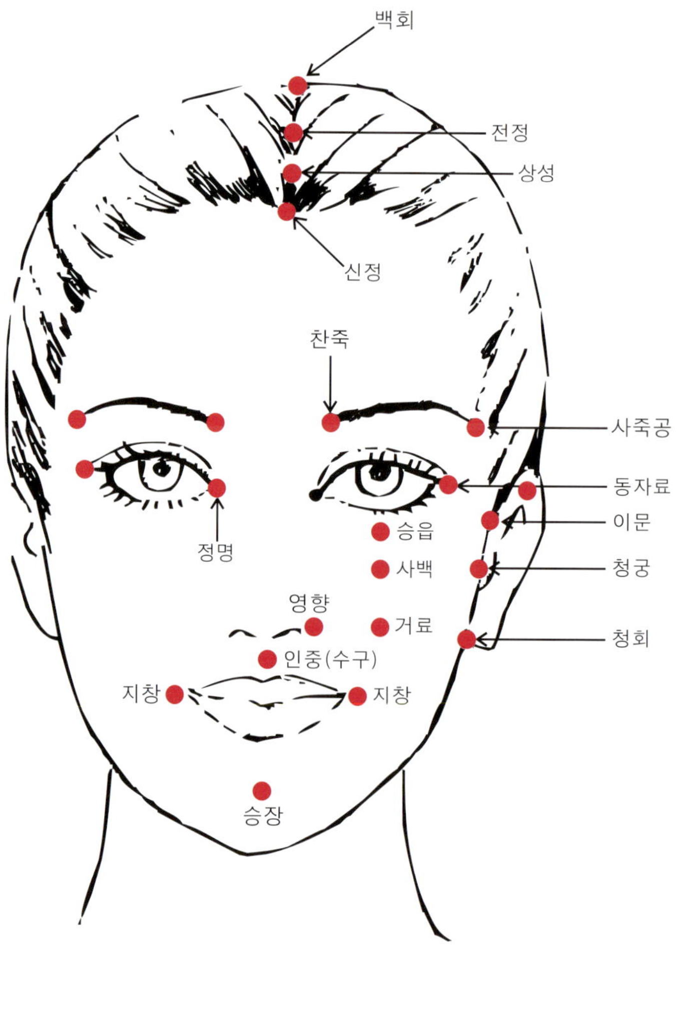

1. 안면 지압점

1) 머리

1 백회 : 머리 정중선과 양 귀를 연결했을 때 교차점
두통, 고혈압, 불면, 탈모방지, 전신미용에 효과

2 전정 : 백회 전방 1.5촌
머리의 풍증, 어지럼증, 소아중풍, 부종에 효과

2) 눈 주위

1 찬죽 : 눈썹머리 시작점, 눈썹앞머리 내측에 약간 들어간 곳
눈의 부종, 두통, 눈가 주름 완화, 눈의 떨림에 효과

2 사죽공 : 눈썹 바깥 끝의 함요부
안면신경마비, 안면근육의 경직, 눈의 피로, 눈가 처짐, 잔주름에 효과

3 청명 : 눈 안쪽의 시작점
신장염, 눈가 주름 완화, 눈을 맑게, 눈의 부종에 효과

4 동자료 : 눈꼬리 지압점으로 외측 눈꼬리의 들어간곳
눈의 질환, 안면근육 경직, 안면의 붉음증에 효과

3) 귀

1 이문 : 귀 부위 앞의 함요처
안면신경마비, 중이염, 턱선의 비대, 피부색을 맑게 하는데 효과

2 청궁 : 귓바퀴 안쪽의 깊숙한 곳에 위치, 귀 바로 앞 함요처
귀울림, 두통, 어지럼증, 중이염, 안면주름, 안면 측면의 여드름, 광대뼈 돌출 방지에 효과

3 청회 : 입을 벌리고 누르면 움푹 들어가는 부위
이명, 중이염, 안면신경마비, 안면의 붉음증

4) 코, 볼, 턱 주위

1 영향 : 콧방울 지압점
안면신경마비, 여드름, 피지과다, 입냄새에 효과

2 인중(수구) : 코와 입 사이의 도랑 중앙
안면근육의 경직, 결절형 여드름에 효과

3 승읍 : 동공의 바로 아래 눈구멍 위쪽에 위치
눈병, 눈가 주름 완화, 눈물 과다에 효과

4 사백 : 동공의 바로 아래 1촌
삼차신경통, 피로, 두통, 축농증, 안면근육의 경직, 눈꺼풀 떨림, 눈가 주름 완화, 눈가 늘어짐에 효과

5 거료 : 얼굴의 중앙의 튀어나온 뼈 밑의 함요부
안면신경마비, 치통, 볼 처짐 방지에 효과

6 지창 : 입술 양쪽 끝 지압점, 구각 외측 0.4촌
안면신경마비, 입경련, 침 흘릴 때, 입꼬리 처짐 방지에 효과

7 승장 : 턱 중앙 지압점, 정중선에서 아래 입술 바로 아래
중풍, 얼굴신경마비, 목이 뻣뻣할 때, 안면의 경직, 턱 부위의 불균형에 효과

5) 후두부

1 아문 : 후발제 함요처로, 경추의 정중앙 머리가 나기 시작되는 곳
제1,2경추 극돌기 사이에 위치, 후발제 정중 상방 5분
두통, 뇌막염, 뇌출열에 효과

2 천주 : 아문 양방 1.3촌
두통, 불면증, 신경쇠약, 어깨근육의 경직, 코가 마를때, 입술이 아플 때, 신경성 여드름, 눈이 붉어질 때 효과

3 풍지 : 승모근과 흉쇄유돌근 상단 사이의 함요처
두통, 시력감퇴, 콧병, 뇌신경질환, 어깨 부위 경직, 감기로 인한 얼굴의 홍조, 안면부종에 효과

4 완골 : 귀 뒤쪽에 볼록 튀어나온 뼈 뒤의 오목한 곳, 유양돌기의 함요처

이하선염, 구안와사, 중이염, 안면부종, 안면신경 이상, 턱선의 늘어짐, 목의 두꺼워짐, 어깨의 경직에 효과

5 예풍 : 유양돌기와 하악골 사이이 함요처,
여드름, 안면근육의 경직, 안면의 비화농성 여드름, 모낭각화, 볼부위 여드름에 효과

06 | 클렌징

1. 클렌징

클렌징이란 피부 표면에 묻어 있는 노폐물, 땀, 피지, 각질, 화장품을 제거하여 피부를 청결히 하는 것으로써 피부관리에서 가장 중요한 기본 단계이다. 피부의 더러움은 신진대사와 생리기능을 방해하며 또한 피부 호흡을 방해하며 노화를 촉진시킨다. 클렌징을 통한 피부 청결은 건강하고 아름다운 피부를 위한 기초 작업이라 할 것이다.

1) 클렌징의 효과

① 피부의 노폐물, 화장의 잔여물, 먼지 등을 제거한다,
② 피부의 혈액 순환과 생리 기능을 촉진한다.
③ 피부 표면을 부드럽게 한다.
④ 트리트먼트의 준비 단계로 다음 단계에 사용하는 제품의 유효 성분의 흡수를 용이하게 한다.

2) 클렌징의 선택

① 피부의 천연 보호막인 산성막을 보호할 것
② 피부의 노폐물 및 화장의 잔여물을 완전히 제거할 것
③ 피부에 자극이 없을 것
④ 피부 유형에 맞는 제품을 사용할 것

3) 클렌저의 종류

(1) 비누

고급 지방산염으로 pH 10~12 정도이다. 피부 표면의 때나 더러움을 제거하는 기능은 뛰어나나 피부의 보호막인 피지막을 지나치게 제거하는 단점이 있으므로 주의하여 사용하지 않으면 피부가 건조하고 거칠어지기 쉽다.

(2) 포인트 메이크업 리무버

눈과 입술의 전용 리무버로 눈물과 비슷한 pH를 가지고 있어 눈에 들어가도 자극이 되지 않으며, 유성의 색조화장을 효과적으로 제거할 수 있다.

(3) 클렌징 밀크

수중유형으로 친수성을 띠며 모든 피부 유형에 적합하다. 물에 쉽게 제거되어 이중 세안이 필요없고 피부 자극이 적으나 세정력은 크림에 비해 약하다.

(4) 클렌징 크림

유중수형으로 유성 성분과 메이크업을 제거하는데 효과적이다. 반드시 이중 세안이 필요하며 세정력이 뛰어나다.

(5) 클렌징 오일

오일의 형태로 건성, 민감성, 노화 피부에 적합하고 물에 잘 용해되는 친수성 제품이 많이 사용된다.

(6) 클렌징 젤

촉촉한 사용감이 뛰어난 젤 타입으로 지성, 예민 피부에 적합하다. 클렌징 효과는 약하지만 물에 잘 용해되며 사용 후 끈적임이 없다.

2. 클렌징의 준비 과정

1) 정리대

젖은 코튼, 크리넥스, 면봉, 크림 주걱(spatula), 팩볼, 스폰지, 해면볼, 해면, 아이메이크업 리무버, 클렌징 로션, 토너, 온습포(온장고에 준비)

2) 고객에 대한 준비

① 탈의실에서 가운으로 갈아입고 실내화를 신도록 한다.
② 앞가슴(decollete)을 노출시킨다.
③ 액세서리를 탈의한다.(고객의 락커 안에 조그만 바구니에 넣고, 직접 잠그도록 한다.)
④ 침대 위에 깨끗한 시트를 깔고 머리 부위에 중 타월을 깔고 가벼운 이불을 덮어준다.
⑤ 고객의 귀가 겹쳐지지 않도록 주의하고 머리카락이 나오지 않게 머리두건으로 감싼다.

3. 클렌징 방법

1) 포인트 메이크업 지우기(Point make up remove)

고객이 왔을때 첫 번째 시술이므로 편안함을 제공한다.

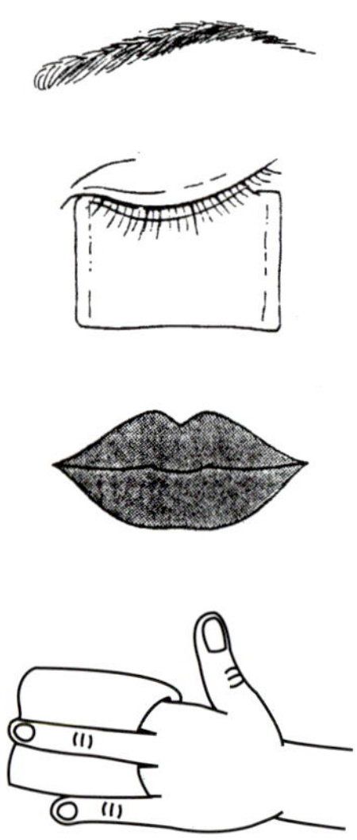

▶ 주의사항 : 제품이 눈에 들어가지 않도록 한다.
세게 누르지 말고 지그시 닦아낸다.
신속하고 깨끗하게 닦아낸다.

(1) 눈화장 지우기

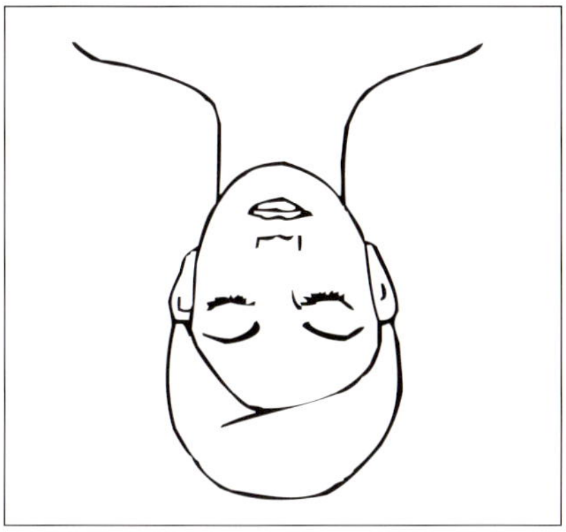

1 화장솜에 제품 덜기

화장솜에 아이메이크업 리무버 제품을 적신다.

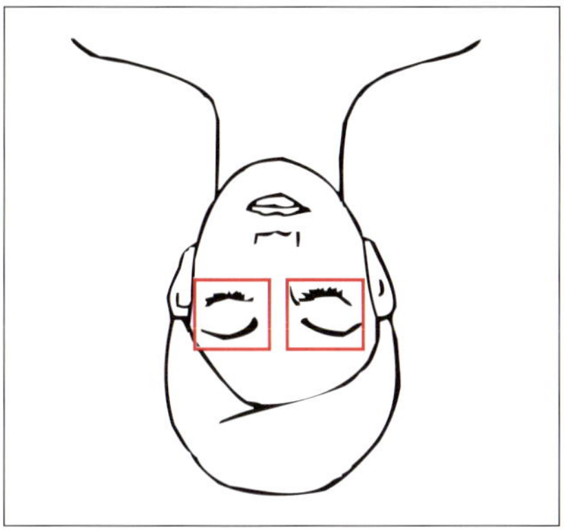

2 눈에 화장솜 올려놓기

눈에 화장솜을 올려놓고 손가락으로 지그시 누르면서 밀착시킨다.

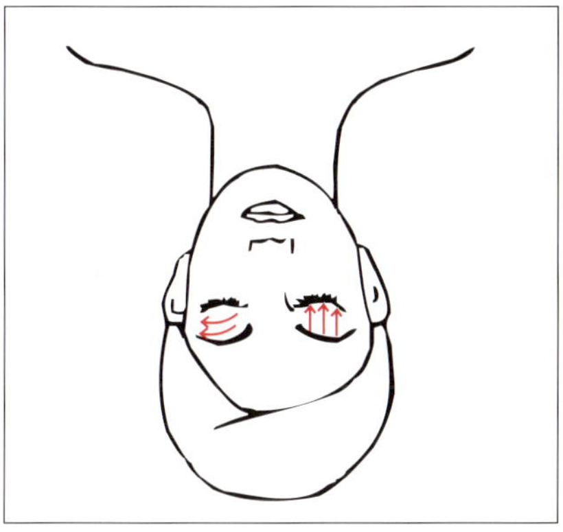

3 위에서 아래로, 안쪽에서 바깥쪽으로 아이섀도 지우기

눈두덩이 위쪽에서 아래 방향으로, 눈두덩이 안쪽에서 바깥방향으로 2~3회 가볍게 닦아낸다. 한 손은 눈썹 앞머리를 가볍게 당겨준다.

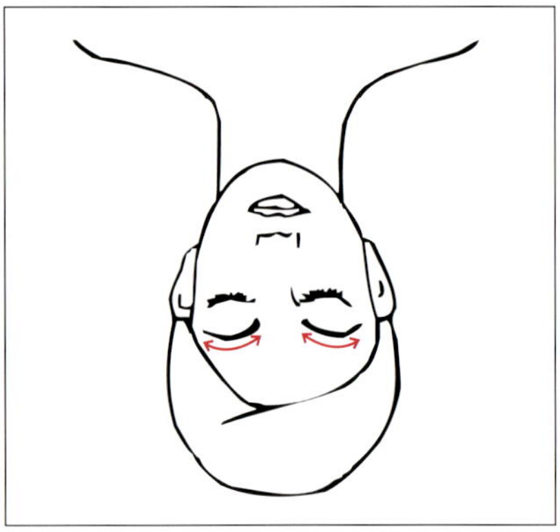

4 눈썹 지우기

눈썹 앞머리에서 꼬리 쪽으로 2~3회 닦아낸다.
(반대로 해도 무방)

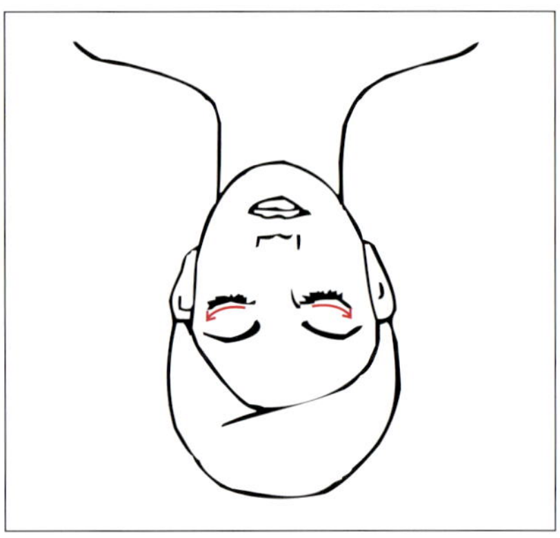

5 아이라이너 지우기

면봉에 리무버를 묻혀 눈꼬리 쪽으로 닦아낸다

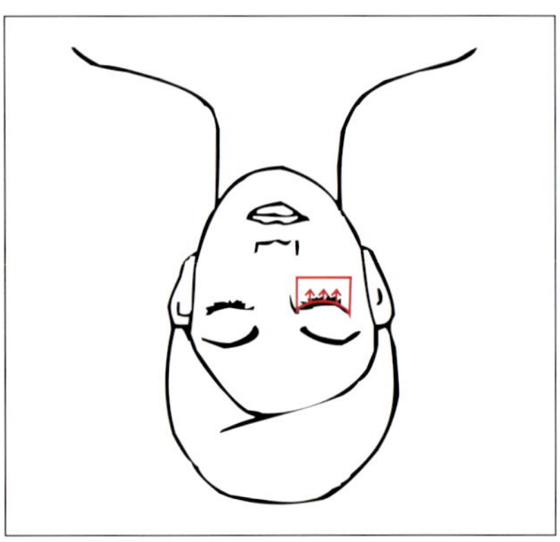

6 마스카라 지우기

눈 밑에 리무버를 묻힌 화장솜을 깔고, 면봉으로 속눈썹을 위에서 아래로 내리면서 닦아낸다. 깔았던 화장솜은 속눈썹을 감싸 접어올려 눈꼬리 쪽으로 닦아낸다.

(2) 입술화장 지우기

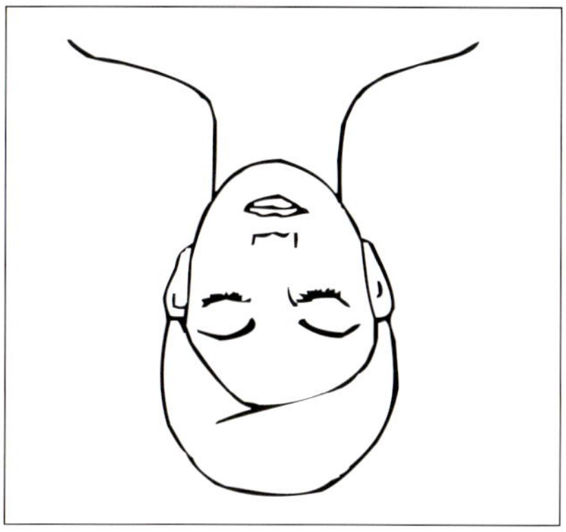

1 화장솜에 제품 덜기

화장솜에 아이 메이크업 리무버 제품을 적신다.

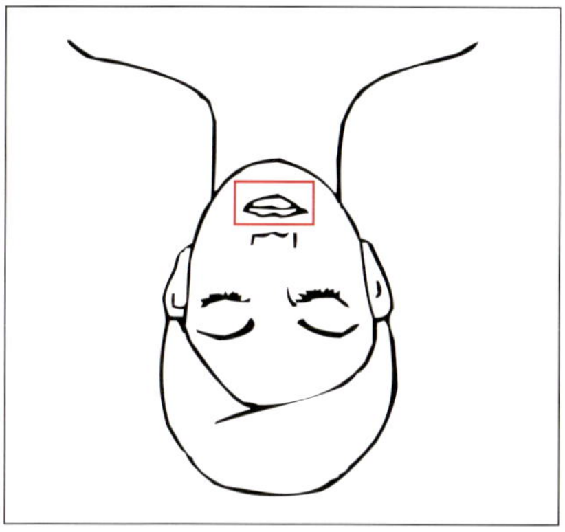

2 입술에 화장솜 올려놓기

입술에 화장솜을 올려놓고 손가락으로 지긋이 눌러서 밀착시킨다.

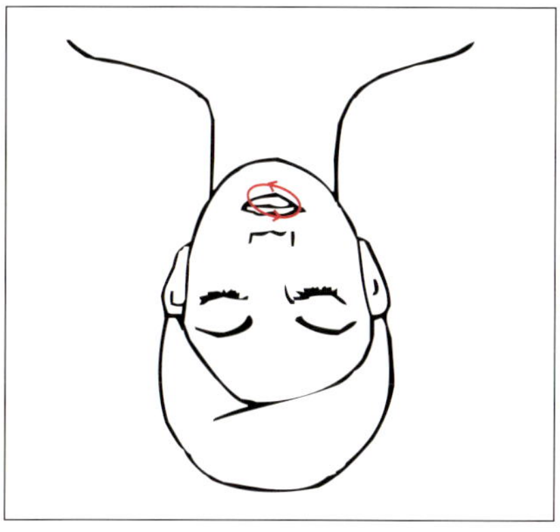

3 둥글리며 입술 지우기

검지와 중지로 입술이 움직이지 않도록 입술 끝에 고정하고, 중지에 리무버를 묻힌 화장솜을 감싸 입술을 둥글리듯이 닦는다.

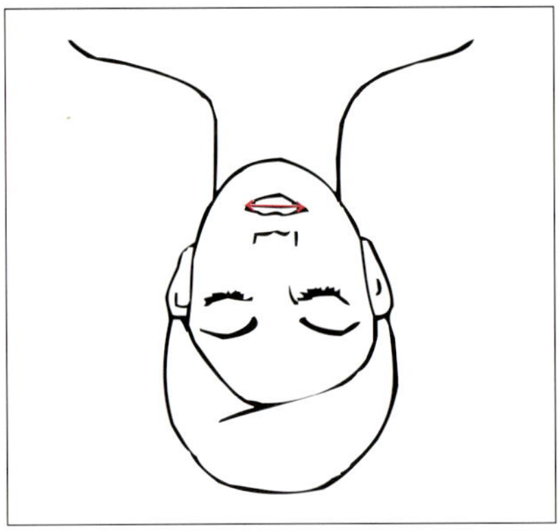

4 입술 사이 지우기

화장솜을 반으로 접어 입술 사이에 끼고 좌우로 밀어 닦아낸다.

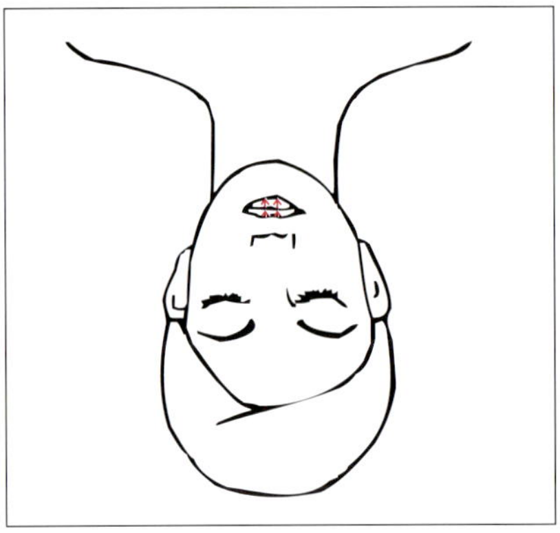

5 잔여물 지우기

면봉을 사용하여 입술 주름 사이에 남아 있는 잔여물을 닦아낸다.

2) 안면 클렌징

(1) 제품 도포하기

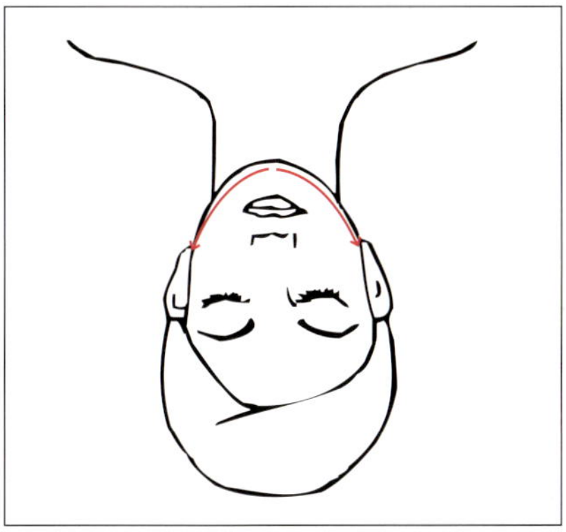

1 턱에 도포

손에 클렌징 제품을 적당량 덜어 양손으로 비빈 후 턱에서 귀 쪽으로 펴 바른다.

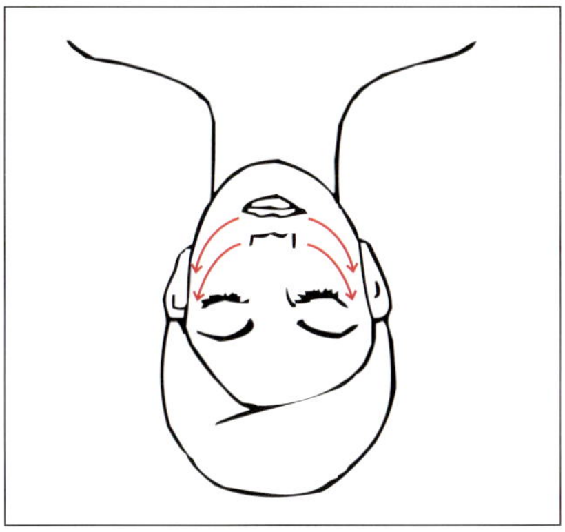

2 뺨에 도포

입술은 제외하고 뺨에서 관자놀이 방향으로 펴 바른다.

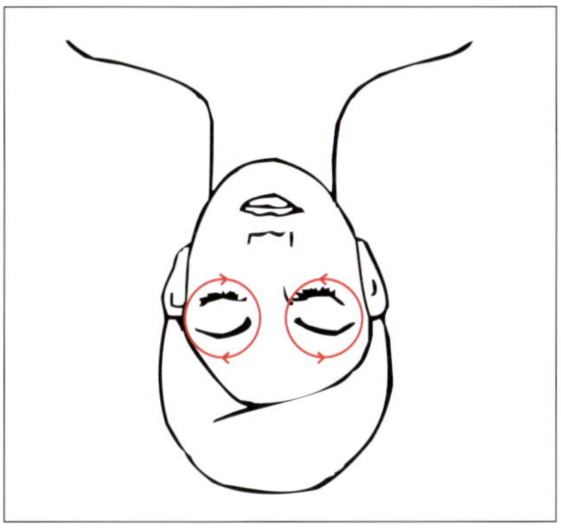

3 원 그리며 눈에 도포

눈은 바깥쪽에서 안쪽으로 원을 그리면서 돌려 바른다.

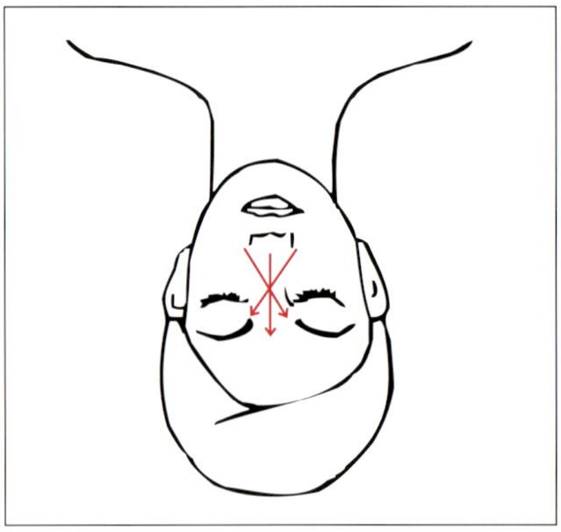

4 코에 도포

코 측면은 손을 엇갈려서 x자 모양으로 아래에서 위쪽으로, 콧등은 손을 엇갈려서 아래에서 위쪽으로 바른다.

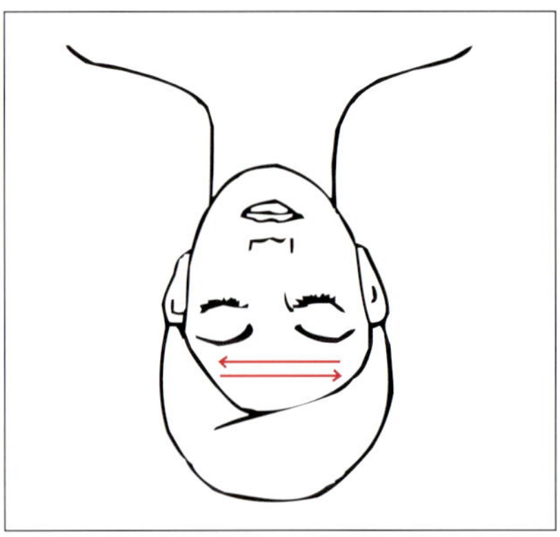

5 이마에 도포

이마는 양옆으로 손을 번갈아 가며 바른다.

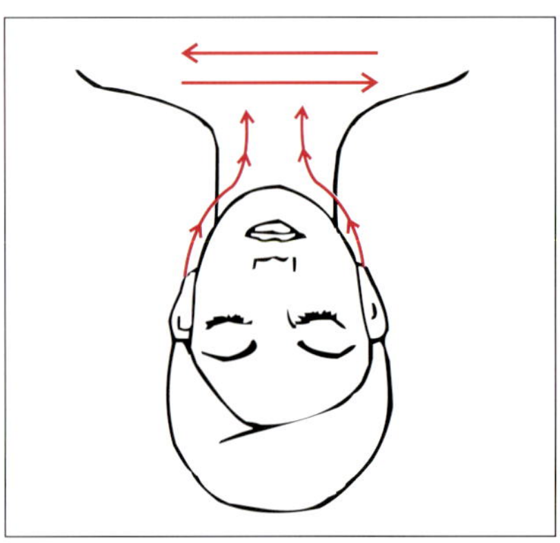

6 앞가슴 도포

얼굴 측면을 따라 아래 방향으로 목을 타고 미끄러져 내려간 후, 양손을 번갈아 가며 앞가슴 부위에 바른다.

(2) 안면 클렌징 동작

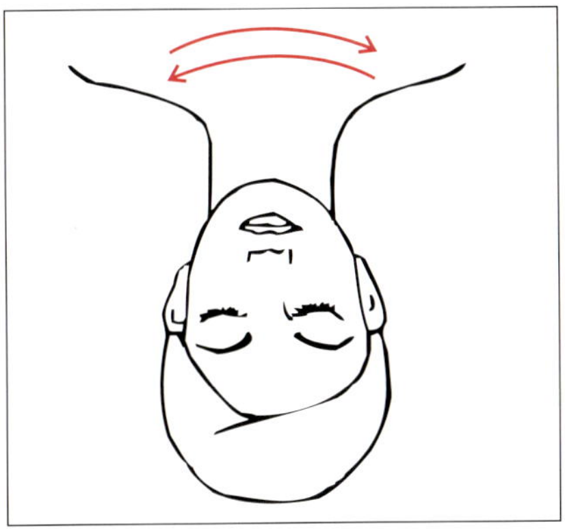

1 앞가슴 쓸어주기

양손을 번갈아 가면 앞가슴을 옆으로 쓸어준다.

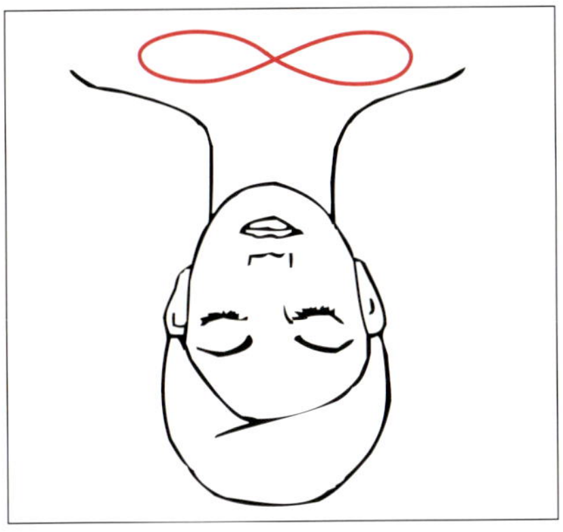

2 앞가슴 8자 그리기

어깨에 손을 놓고 한 손씩 번갈아 가며 8자를 그린다.

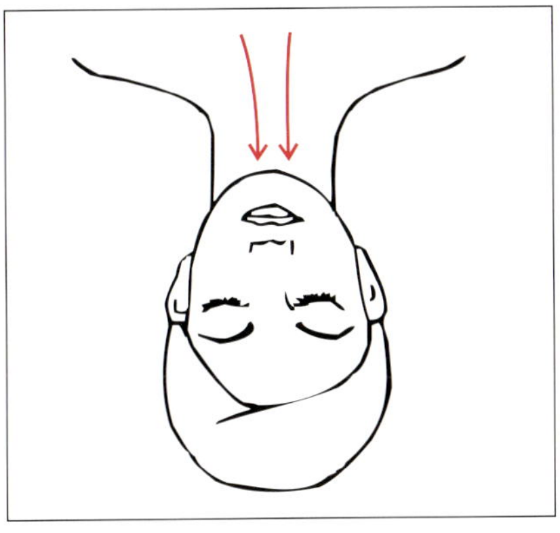

3 목 쓸어올리기

양손을 번갈아 가며 목을 아래에서 위쪽으로 쓸어준다.

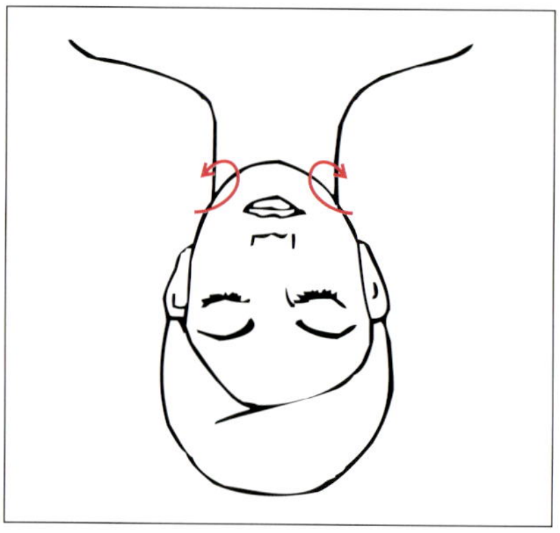

④ 턱 아래쪽 둥글리기

양손을 하악각에 놓고 턱 아래쪽을 둥글린다.

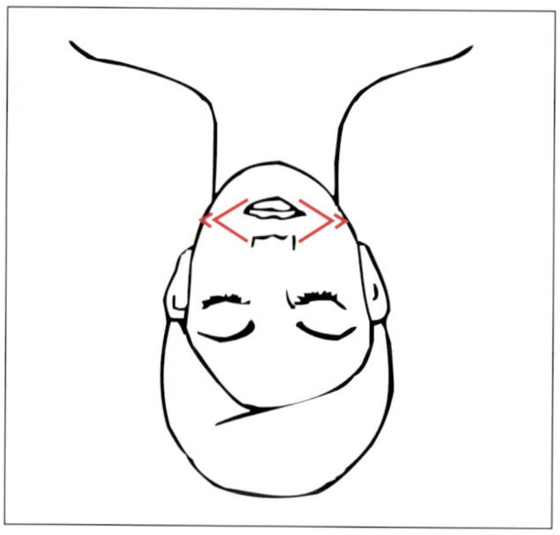

⑤ 입술 주변 쓸어주기

검지와 중지 사이에 입술을 놓고 바깥쪽으로 쓸어준다.

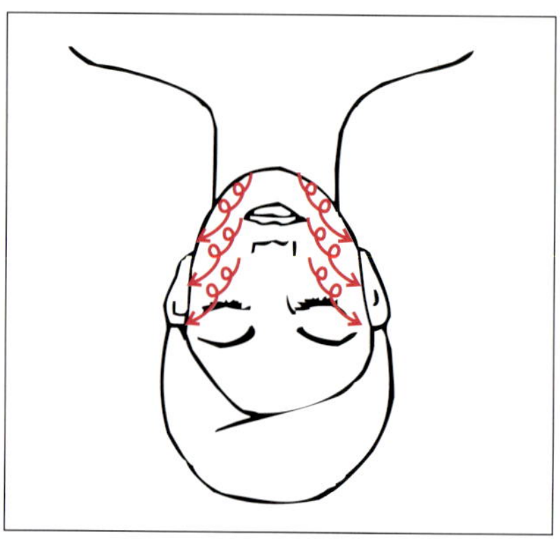

⑥ 뺨 둥글리기

뺨을 3부분으로 나누어 안쪽에서 바깥쪽으로 나선형을 그린다. 턱에서 귀 밑, 입술 끝에서 귀 중앙, 콧방울 옆에서 관자놀이까지 간다.

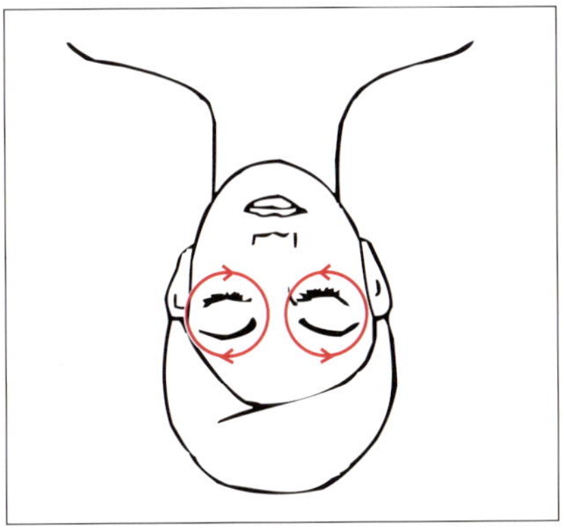

7 눈에 원 그리기

중지와 약지를 사용하여 눈 밑을 바깥쪽에서 안쪽으로 원을 그린다.

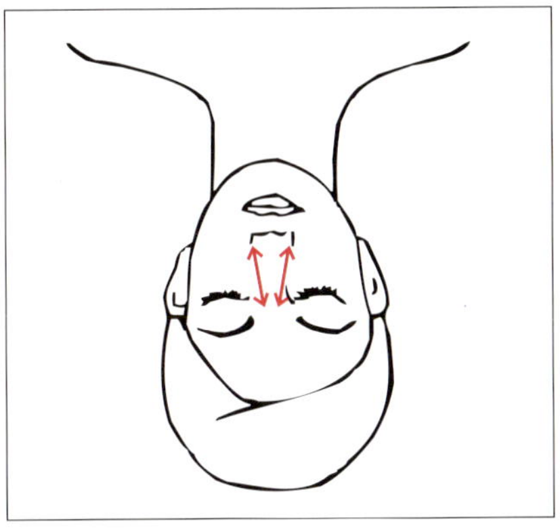

8 코 쓸어주기

엄지로 깍지를 끼고 중지를 사용하여 콧등을 위, 아래쪽으로 번갈아 쓸어준다.

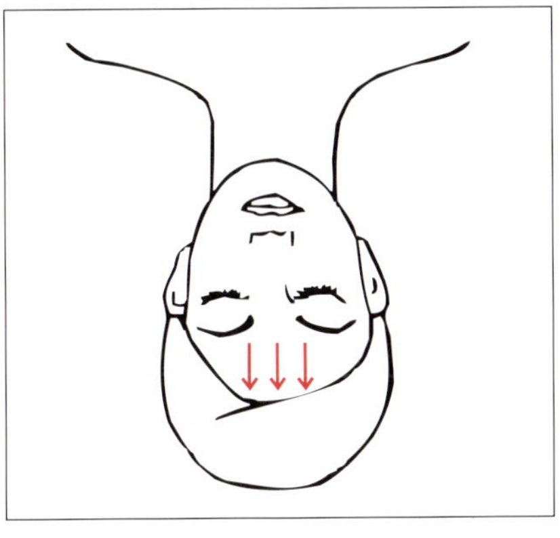

9 이마 쓸어주기

아래쪽에서 위쪽으로 손을 번갈아 가면서 이마를 쓸어준다.

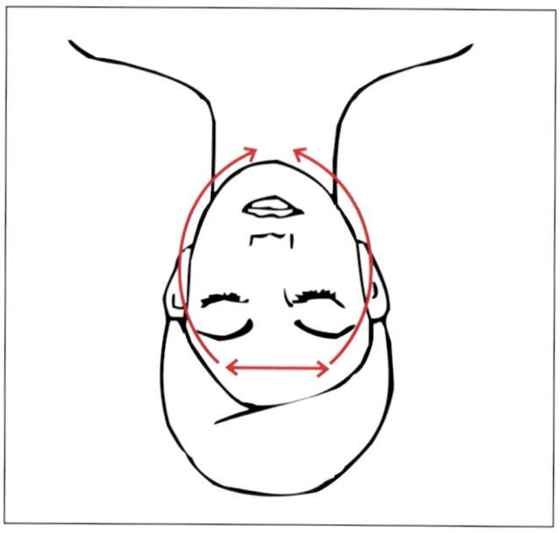

⑩ 턱으로 빼주기

양손으로 이마를 감싸고 얼굴 측면을 따라 내려와 턱을 감싸면서 턱 중간 부위로 빼준다.

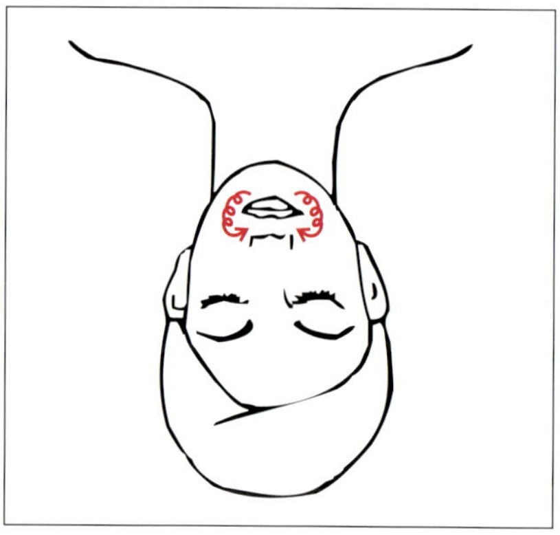

⑪ 턱과 입술 주변 둥글리기

검지, 중지, 약지로 턱 아래쪽에 고정시키고, 엄지로 턱과 입술 주변은 나선형으로 둥글려 준다.

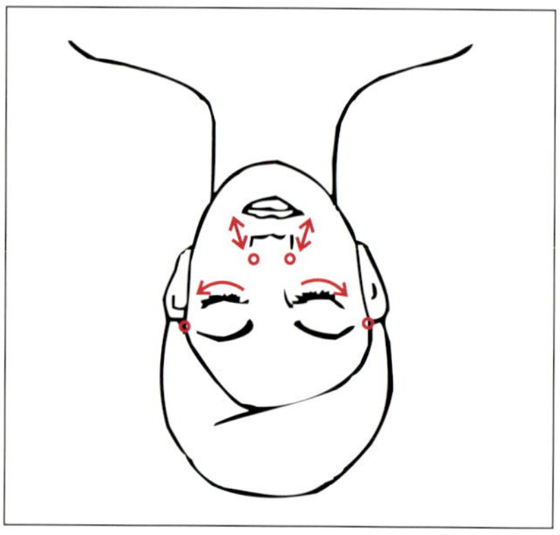

⑫ 스마일 라인, 콧방울 주변, 눈 밑 쓸어주기

엄지로 스마일 라인, 콧방울 주변을 둥글려 준 후, 눈 밑 아래를 아주 약하게 쓸어주고 관자놀이를 지압한다.

07 | 티슈 사용

1. 티슈(tissue)

티슈는 부드러워 피부를 자극하지 않는 소재를 선택한다.

2. 사용 목적

클렌징이나 마사지 후 크림이나 세정의 물기 등을 일차적으로 제거하여 다음 단계를 용이하게 한다.

3. 주의 사항

① 호흡에 장애가 되지 않게 코를 막지 않도록 주의한다.
② 피부에 자극이 되지 않도록 부드럽게 닦아내고, 티슈의 조각이 얼굴에 남아 있지 않도록 한다.
③ 클렌징이나 마사지한 직후에 사용되므로 빠른 동작으로 시행한다.

4. 티슈 사용 방법

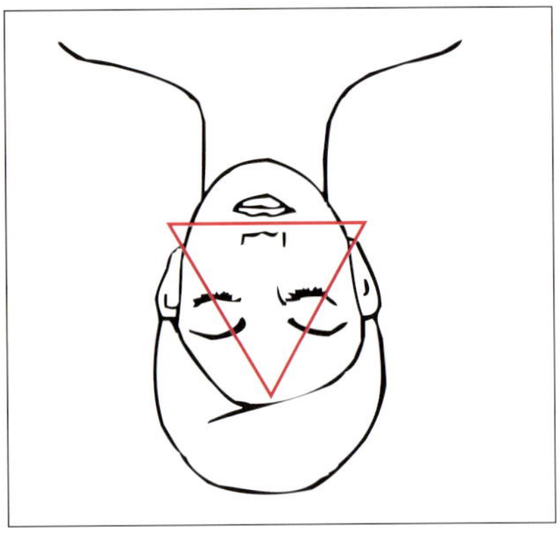

1 코 윗부분 눌러주기

티슈를 반으로 접어 삼각형을 만들어 티슈의 한쪽 면을 코 위 부분의 얼굴에 놓고 가볍게 누른다.

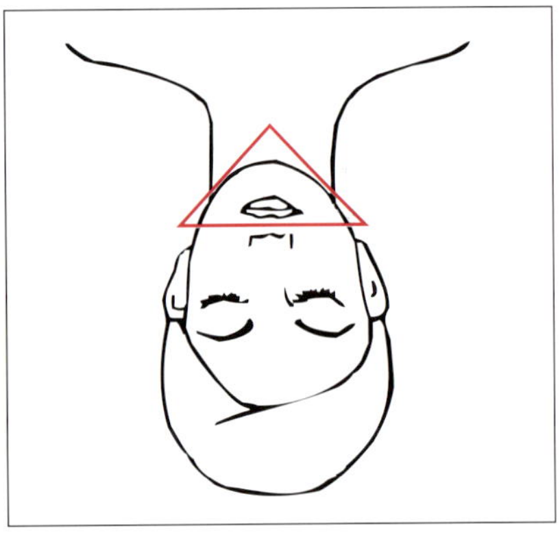

2 코 아랫부분 눌러주기

티슈의 한쪽 끝을 잡고 돌려 티슈의 다른 쪽 면을 코 아랫 부분 얼굴에 놓고 가볍게 누른다.

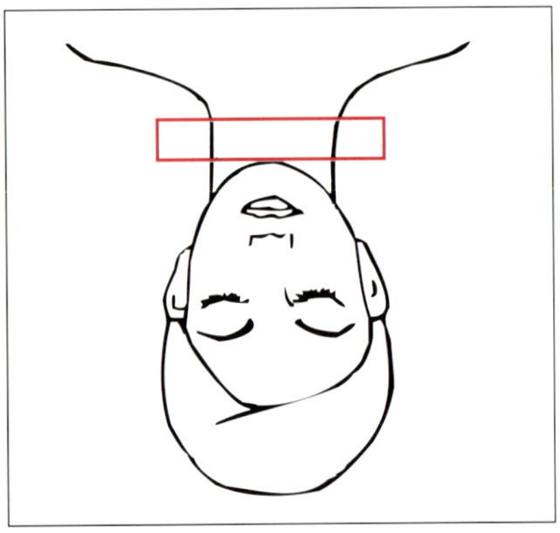

3 목 부위 눌러주기

티슈를 반으로 접어가며 목 부위를 가볍게 누른다.

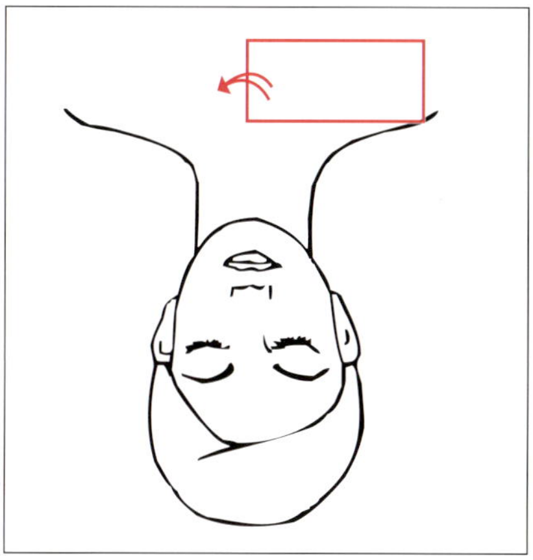

4 앞가슴 부위 눌러주기

새 티슈를 사용하여 한쪽 앞가슴 부위에 놓고 가볍게 누른 후, 티슈의 다른 쪽 면을 이용하여 나머지 앞가슴 부위 놓고 가볍게 누른다.

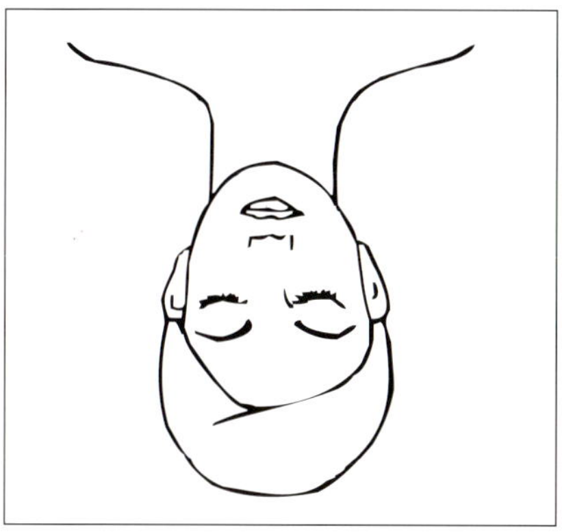

5 잔여물 닦아내기

새 티슈를 손에 감싸서 잔여물을 찍어서 닦아낸다.

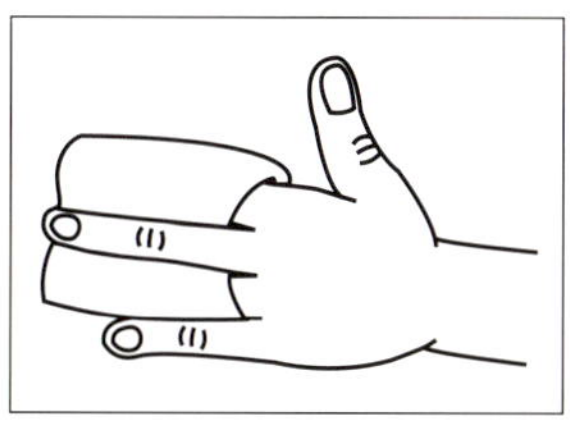

08 | 해면 사용

1. 해면

흡착력이 뛰어난 해면의 특성을 이용하여 클렌징이나 마사지 후 남아 있는 잔여물을 깨끗하게 제거하기 위해 사용한다.

2. 주의 사항

해면은 재사용해야 하므로 중성세재로 깨끗하게 세척한 뒤, 햇볕에 바짝 말린 후 자외선 소독기에 넣어 소독한다. 사용 시에는 미리 해면볼에 물을 넣어 흡수시킨 후에 사용한다.

3. 해면 사용 방법

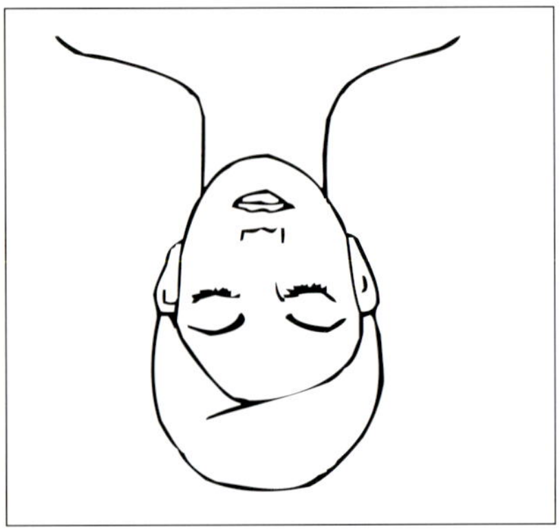

1 해면 준비

따뜻한 물에 해면을 적히고 적당히 물기를 짜낸다.

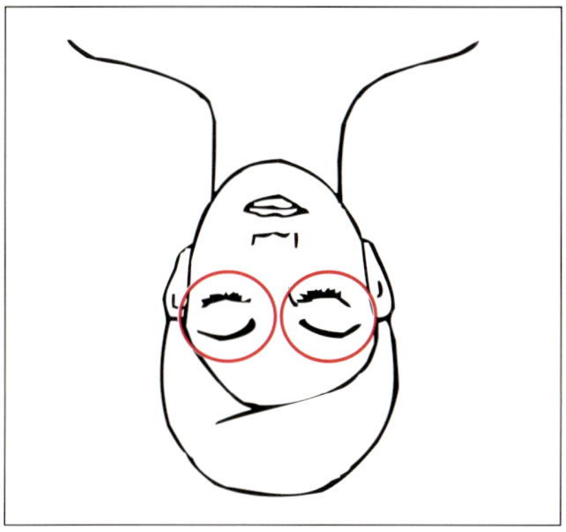

2 눈 지긋이 눌러주기

양손에 해면을 쥐고 눈 위에 올려놓고 부드럽게 눌러준다.

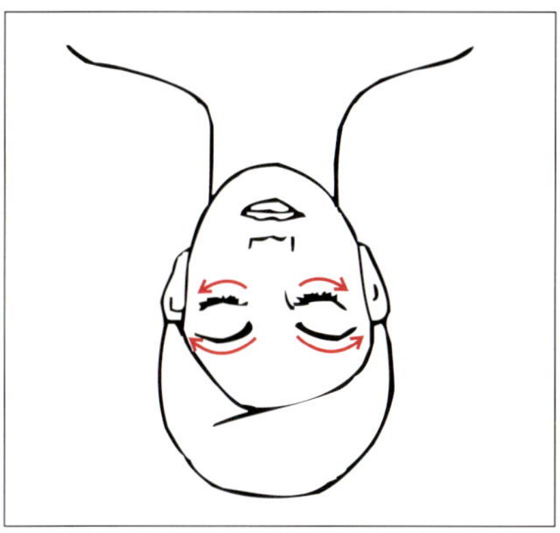

3 눈 주변 닦아내기

검지를 이용하여 해면을 접어서 눈 밑, 눈 위를 부드럽게 닦아낸다.

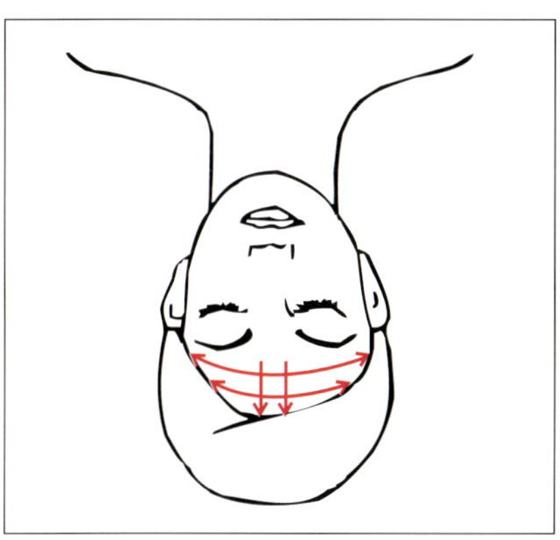

4 이마 닦아내기

해면의 깨끗한 부위로 옮기면서 해면을 이마에 놓고 아래에서 위쪽으로, 양 옆쪽으로 관자놀이를 향하여 닦아낸다.

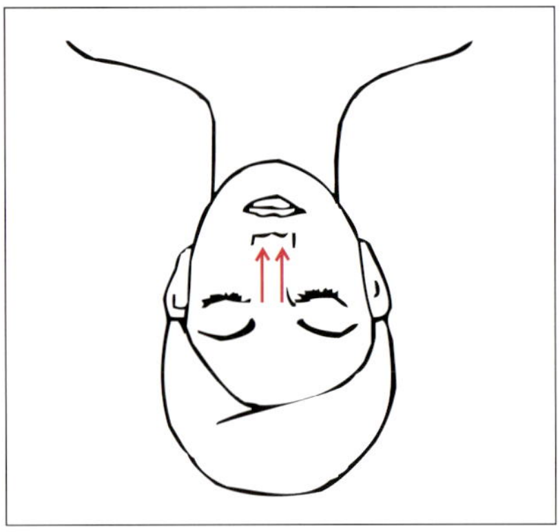

5 코 닦아내기

콧등 위에서 아래쪽으로 양손을 번갈아 가면서 닦아 낸다.

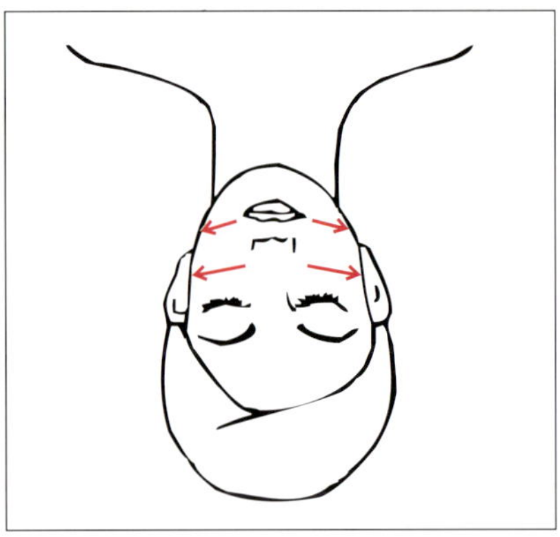

6 볼 닦아내기

양 볼에 놓고 바깥쪽으로 닦아낸다,

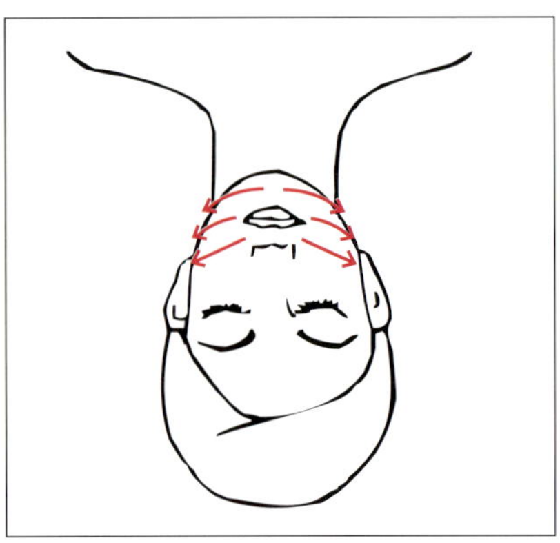

7 입술 주변과 턱 부분 닦아내기

입술 위, 입술 아래, 턱 부분을 바깥쪽으로 닦아 낸다.

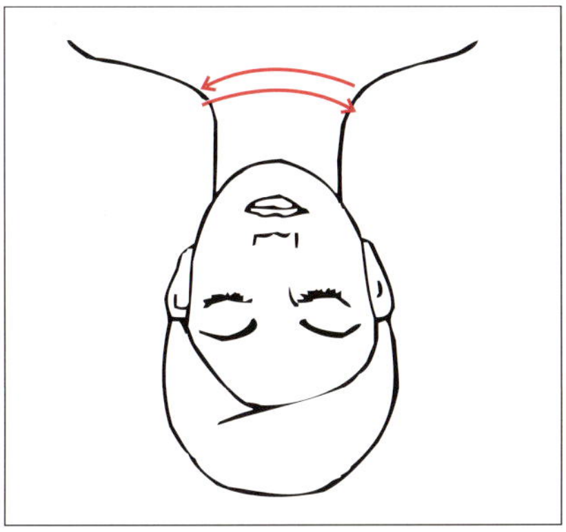

8 목 부위 닦아내기

접은 해면을 펴서 목 부위를 바깥쪽으로 닦아낸다.

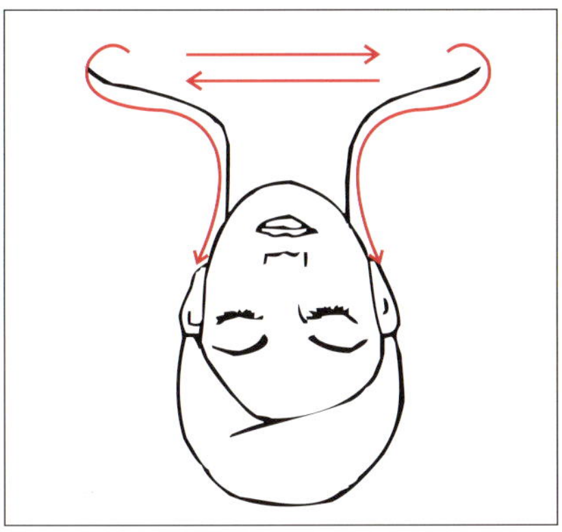

9 앞가슴 지나 귀밑에서 마무리

앞가슴 부위를 양옆으로 번갈아 쓸어주면서 닦아내고, 어깨 부위에서 돌려 승모근을 지나 목 아래에서 위쪽으로 올라가 귀밑에서 마무리한다.

09 | 습포 사용

1. 습포(Compress)

1) 온습포

높은 온도의 수증기는 오래된 지방을 녹이고, 표피 제일 위층의 죽은 세포를 제거해 준다.

(1) 효과

① 혈액순환 촉진
② 모공을 확장하여 모공의 불순물을 제거
③ 죽은 각질, 피지, 먼지 등을 제거
④ 피지선 자극
⑤ 한선에 있는 독소와 기타 불순물 제거
⑥ 적절한 수분 공급
⑦ 적절한 습도 유지

(2) 주의 사항

① 지나치게 뜨겁지 않은 타월 사용
② 예민한 피부, 모세혈관확장 피부, 염증 유발 가능성 피부는 습포를 피한다.
③ 소독된 타월 사용, 탈모 후에는 온습포 사용 금지
④ 자신의 팔 안쪽에 온도를 확인 후 고객에게 "뜨겁습니다."라고 말하고 시술한다.
⑤ 타월이 얼굴에서 차게 식기 전에 재빠른 동작과 속도로 행하는 것이 중요하다.

2) 찬습포

(1) 효과

① 피부를 수렴 긴장시킨다.
② 혈관 수축작용으로 염증 완화 및 탄력 유지
③ 소양증이 있는 피부의 진정 효과

(2) 주의 사항

① 민감 피부나 모세혈관이 확장된 피부에는 지나친 찬습포를 피한다.
② 찬습포는 소독된 것을 사용하고, 마스크 후 또는 피부관리 마지막 단계에 사용한다.

2. 습포 사용 방법

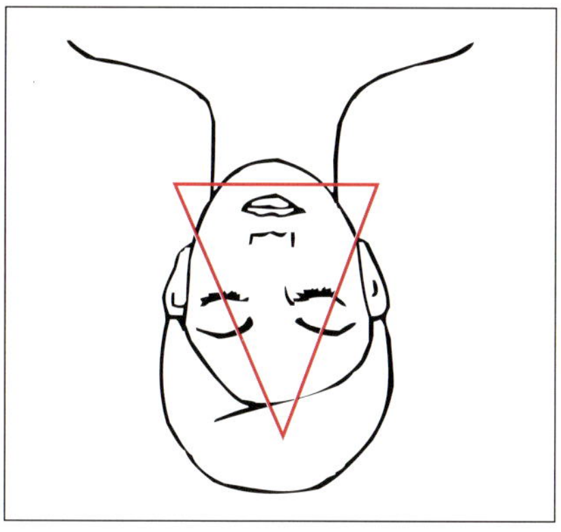

1 습포 얼굴에 올려놓기

반으로 접은 습포를 Δ 모양으로 턱, 뺨, 코, 이마에 올려놓는다. 이때 호흡에 방해가 되지 않도록 콧구멍을 막지 않도록 주의한다.

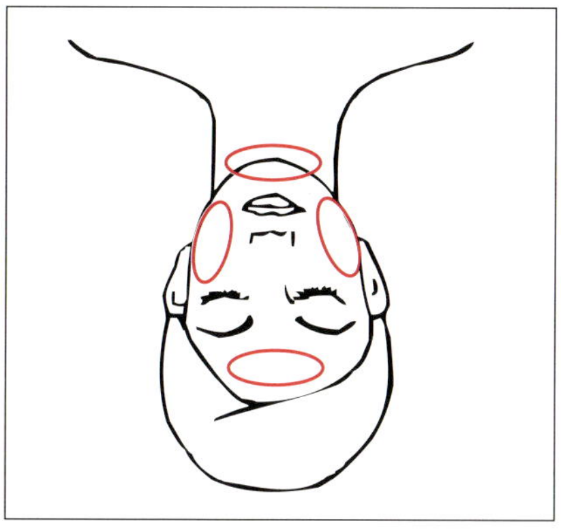

2 습포 밀착시키기

양손으로 뺨을 지그시 누른 후, 한 손은 이마에 놓고, 다른 한 손은 턱에 놓고 지그시 눌러 피부에 밀착시킨다.

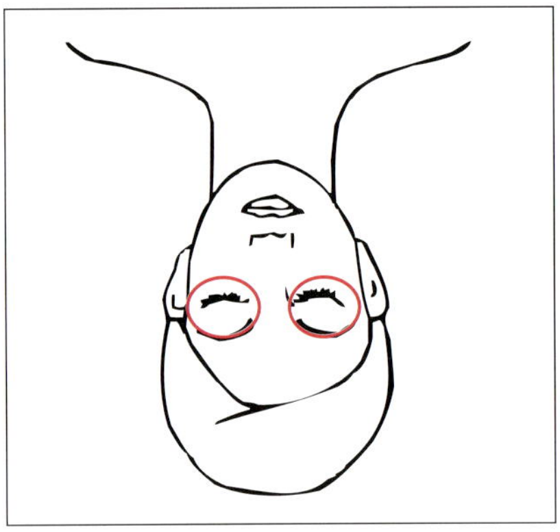

3 눈 지그시 누르기

양손을 눈에 놓고 지그시 누른다.

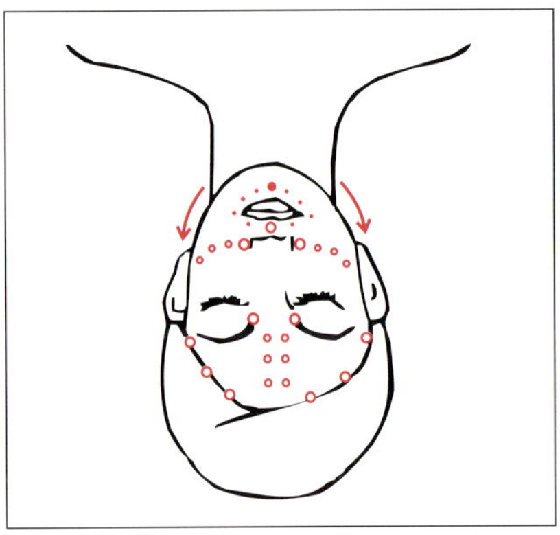

4 지압하기

① 엄지로 이마 중앙에서 머리 라인을 따라 지압한다.
② 중지로 찬죽, 검지로 영향을 지압하면서, 나머지 손가락으로 광대뼈 아랫부분을 지압한다.
③ 턱 아랫부위를 손가락으로 받치고 엄지로 인중 및 승장, 입술 주변을 지압하고 턱을 위쪽으로 끌어당겨 준다.

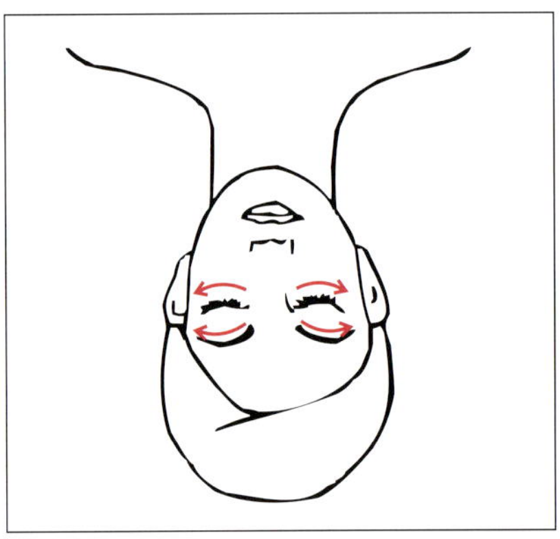

5 눈 주변 닦아내기

습포를 얼굴에서 내려놓은 채 반으로 접은 타월 사이로 손을 넣고 눈 아래, 눈 위쪽을 부드럽게 닦아 준다.

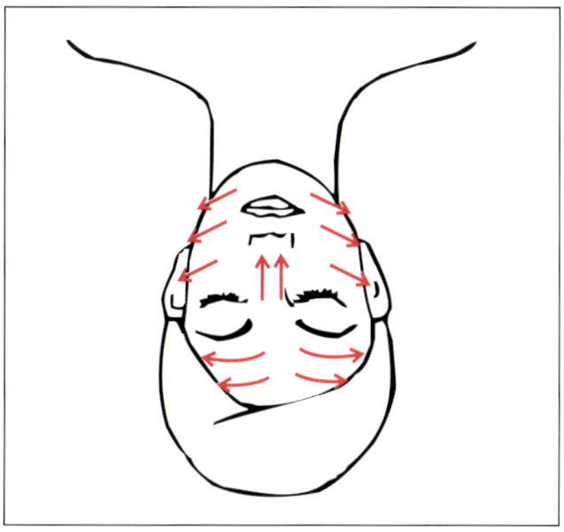

6 얼굴 닦아내기

습포의 깨끗한 부분으로 옮겨가면서 이마, 코, 뺨, 턱, 목 부위를 닦아준다.

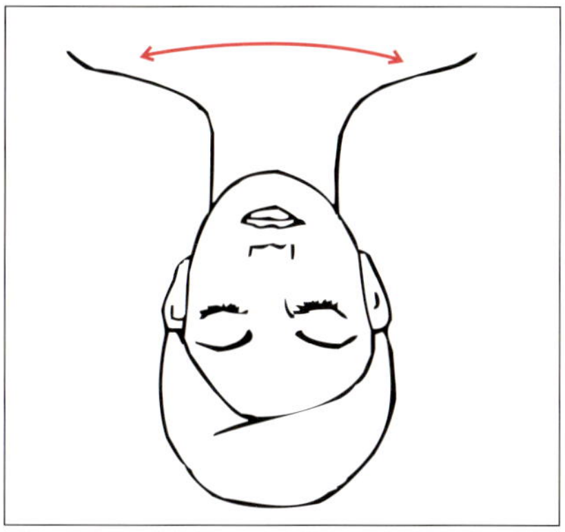

7 앞가슴 닦아내기

습포를 활짝 펴서 앞가슴에 놓고 양손을 액와 부위에 놓고 눌러준 후 깨끗이 닦아준다.

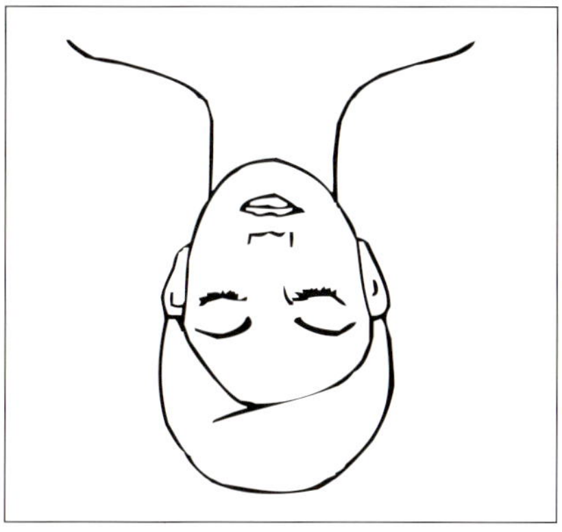

8 잔여물 닦아내기

습포를 손에 감싸서 잔여물을 닦아준다.

10 눈썹 정리

1. 눈썹 수정 및 정리의 의미

눈썹은 얼굴 이미지를 판가름 하는 중요한 요소이다. 따라서 얼굴형에 맞는 눈썹 형태를 갖추고, 단정하게 정리하는 것은 미용학적으로 큰 의미가 있다.

2. 눈썹의 형태 또는 얼굴형에 맞는 눈썹 만들기

1) 위생

눈썹 수정용 가위와 족집게는 소독용 알코올을 묻힌 솜으로 소독 후 감싸 놓는다. 조그만 비이커에 소독용 알코올을 넣고 담가 놓고 사용해도 된다.

2) 눈썹 형태 만들기

얼굴형에 맞는 눈썹 형태를 만든다.

예 : 얼굴이 긴형은 둥글게 만들고, 넓은 얼굴형은 눈썹을 조금 높은 위치로 만든다

① 눈썹 앞머리 : 눈 시작점과 콧방울이 일직선이 되는 지점
② 눈썹 산 : 모델이 정면을 보았을 때 눈동자의 바깥 위쪽 지점(눈썹 전체 길이의

약 2/3지점)

③ 눈썹 꼬리 : 콧방울과 눈이 끝나는 지점을 사선으로 연결하여 마지막 연결된 지점

④ 눈썹의 수평 : 눈썹의 시작점과 끝나는 지점은 수평이 되도록 한다.

3. 눈썹 정리 도구

① 눈썹 정리 가위

제거해야 할 눈썹을 잘라줄 때 사용한다(눈썹용 브러시를 함께 사용하면 편리하다).

② 눈썹 정리 칼

제거해야 할 눈썹을 면도할 때 사용한다.

③ 눈썹 족집게

제거해야 할 눈썹을 뽑을 때 사용한다.

4. 눈썹 정리 방법

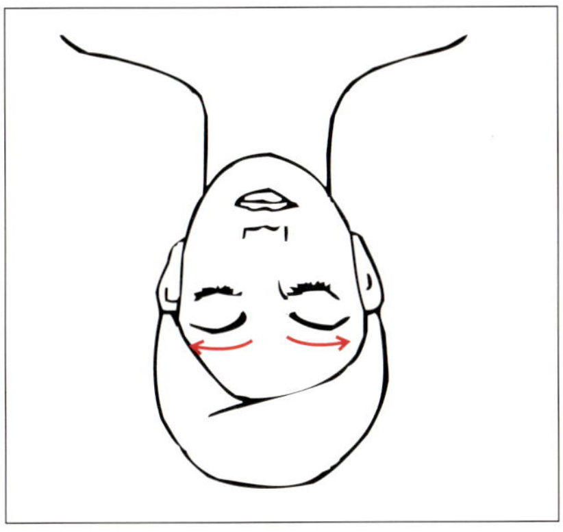

1 눈썹 부위 소독하기

화장솜을 이용하여 눈썹을 소독한다.

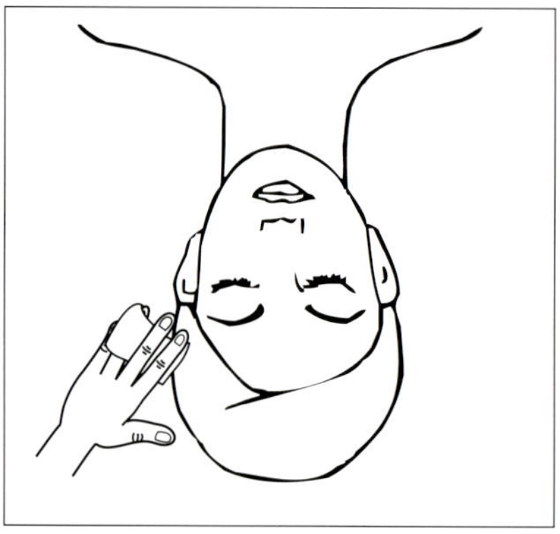

2 약지에 젖은 화장솜을 고정시키기

젖은 화장솜을 약지에 고정하여 뽑은 눈썹을 놓을 수 있고 작업의 속도를 유지할 수 있도록 도와준다.

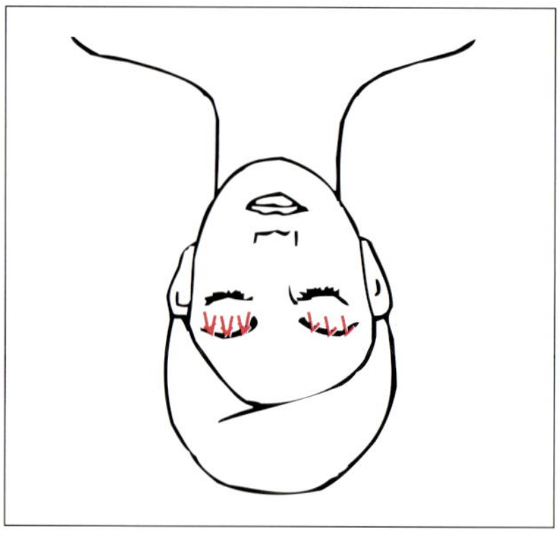

3 눈썹 빗어주기

눈썹용 브러시를 이용하여 눈썹을 빗으면서 정리를 한다.

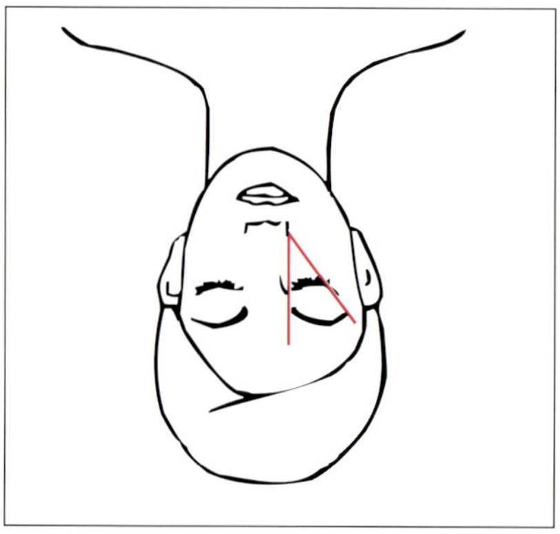

4 눈썹 브러시로 눈썹 형태 정하기
(눈썹용 에보니를 사용)

눈썹 브러시로 눈썹의 길이를 정한다.
(콧방울에서 눈썹 앞머리, 콧방울에서 눈꼬리를 지나 만나는 지점으로 정한다.)

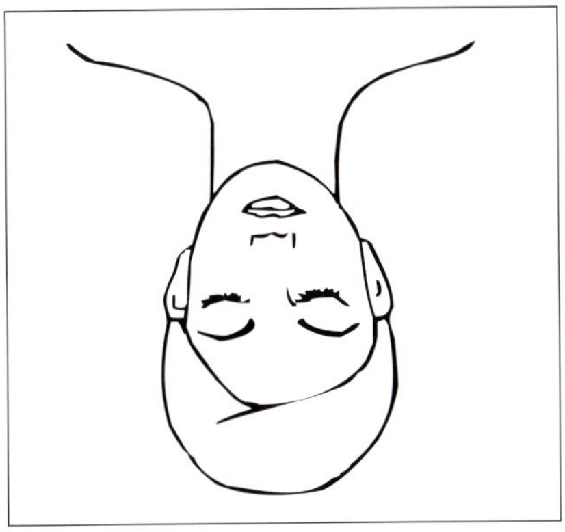

5 눈썹용 가위로 자르기

브러시로 빗으면서 브러시를 고정해 놓고 길이가 일정하지 않은 눈썹을 잘라준다.

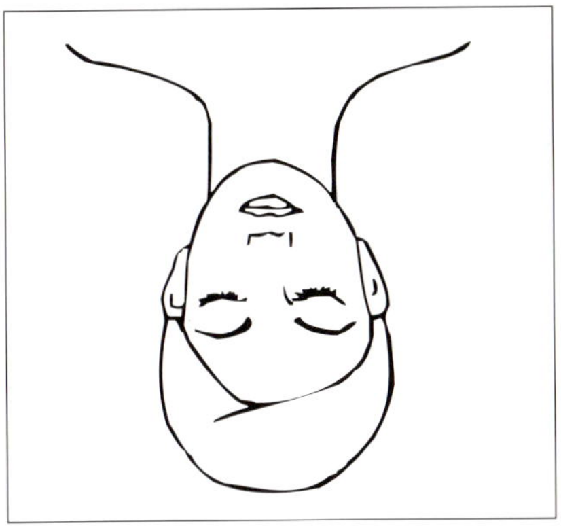

6 눈썹용 족집게로 눈썹 뽑기

불필요한 눈썹은 족집게로 뽑아준다. 눈썹을 뽑을 때 자극되지 않도록 엄지와 검지로 피부를 텐션(늘려주기)하여 눈썹이 난 방향으로 뽑아준다.

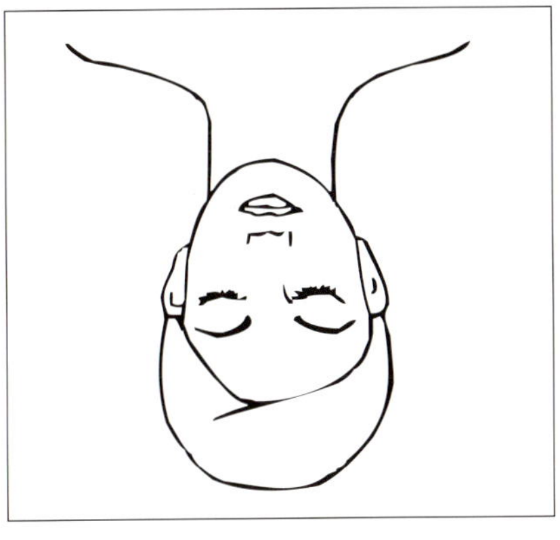

7 눈썹용 칼을 사용하여 불필요한 눈썹 자르기

주로 눈두덩이에 난 눈썹에 사용하며, 눈썹이 난 방향과 반대 방향으로 눈썹을 자른다.

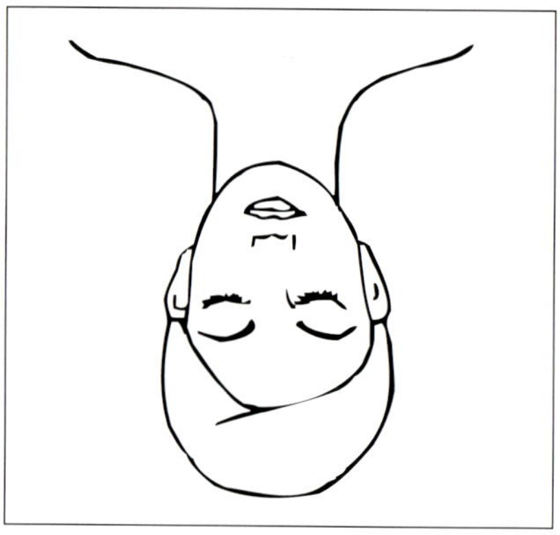

8 눈썹 진정시키기

진정용 젤이나 진정용 화장수를 발라 진정시킨다.

11 | 딥 클렌징

1. 딥 클렌징(Deep cleaning)

각질층 깊은 곳과 모낭관 속까지 클렌징한다는 의미와 피부층의 흡수 장벽을 완화하여 화장품의 피부 흡수를 돕기 위한 중요한 과정이다.

1) 각질층의 딥 클렌징

각질층의 맨 바깥층인 비늘층의 세정은 일반 클렌징 작업만으로도 충분하며, 필요에 따라 비늘층 아래층까지 세정해 주려면 먼저 비늘층을 박리해야 한다.

각질층의 딥 클레징은 세정의 의미보다는 표피층에 누적되어 있는 피지를 제거하여 화장품의 유효 성분들이 피부층에 효과적으로 잘 흡수되는데 그 주목적이 있다.

딥 클렌징은 조직이 얇은 피부에서는 시행할 필요가 없고 피부조직이 두꺼운 지성 피부 계열에 주로 시행하게 된다. 보통 얼굴 피부 전체를 대상으로 하기보다는 주로 T-zone 부위를 중심으로 시행한다.

2) 모낭관의 딥 클렌징

모낭관 입구를 막고 있는 피지와 먼지 및 더러움 등을 제거하는데 그 목적이 있다. 피지 분비가 왕성한 모낭벽 피부의 각화주기(keratinazation cycle)가 빠른 사람의 경우, 모낭 속에서 벗겨져 떨어져 나온 각질 조각들과 피지가 엉킨 채 모낭관을 타고 밖으로 빠져나오다가 좁은 모낭관 입구를 막게 되면 계속 분비되는 피지가 모낭 속에 축적하게 되는데, 이처럼 막힌 모낭관 입구를 세정작업을 통하여 열어주는 것이 모낭관 딥 클렌징의 주목적이다.

3) 모낭의 디스인크러스테이션(disincrustation)

모낭 속에 과잉 분비된 피지가 가득히 채워져 굳어진 코메도(comedo)를 모낭으로부터 피지를 배출하는 일종의 강제적인 피지 배출 작업이다.

4) 딥 클렌징 제품의 종류

(1) 스크럽(scrub) 타입
(2) 크림(cream) 타입
(3) 고마지(gommage) 타입

2. 딥 클렌징 사용 방법

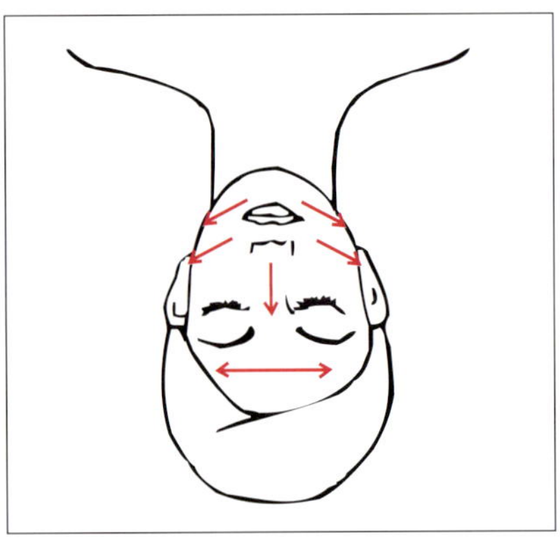

1) 스크럽 타입

1 얼굴에 바르기

브러시를 이용하여 턱 → 뺨 → 코 → 이마의 순서로 바른다.

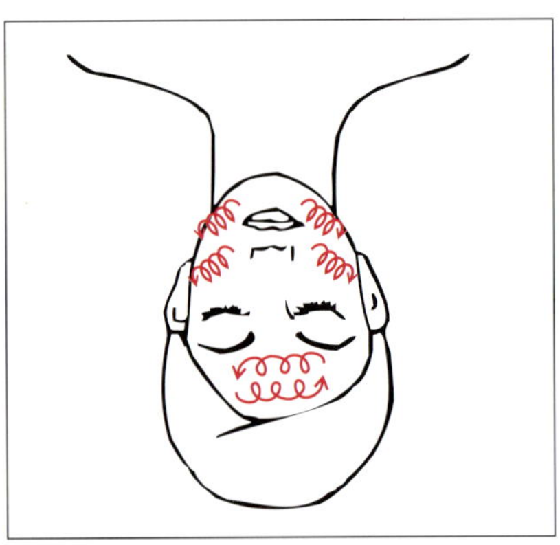

2 손가락으로 둥글리기

손가락 끝에 물을 묻혀서 원을 그리듯이 얼굴 전체를 둥글려 준다.

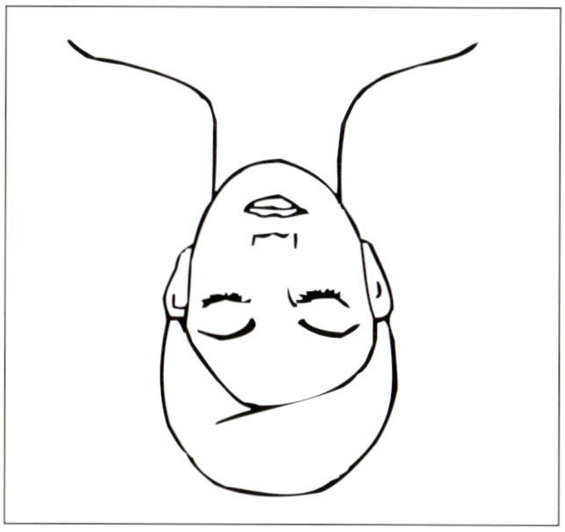

3 닦아내기

해면을 이용하여 닦아낸다.

2) 크림 타입(효소)

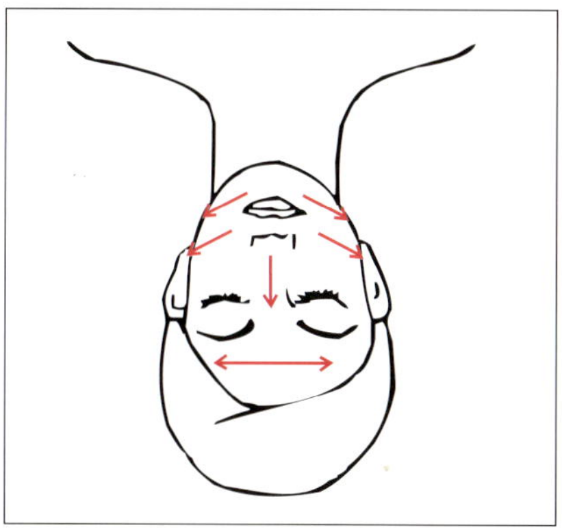

1 얼굴에 바르기

브러시를 이용하여 턱 → 뺨 → 코 → 이마의 순서로 바른다.

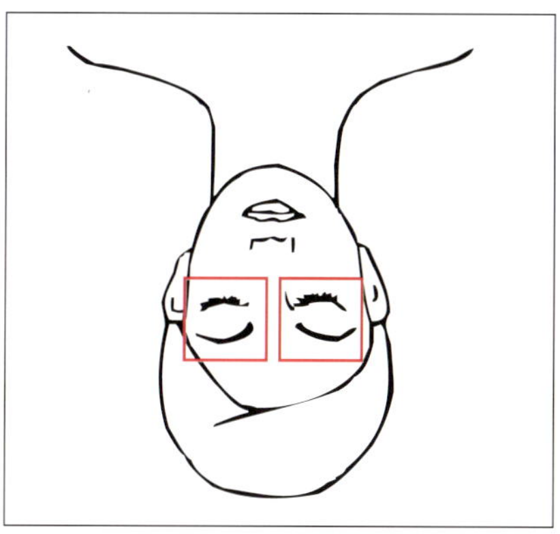

2 눈에 아이패드 올리기

눈에 아이패드를 올려놓는다.

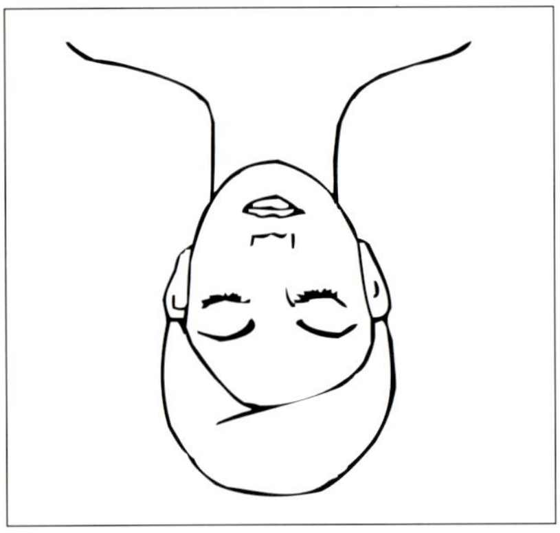

3 스티머 쐬기

효소의 단백질 분해 활동이 잘 되도록 호흡을 방해하지 않도록 주의하면서 스티머를 쐰다.

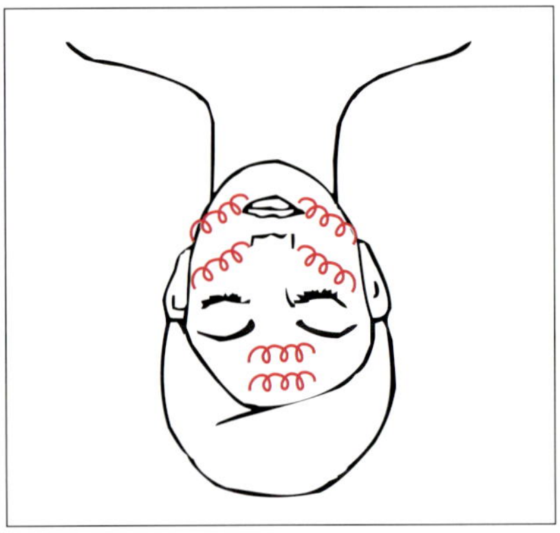

4 손가락으로 둥글리기

손가락 끝에 물을 묻혀서 원을 그리듯이 얼굴 전체를 둥글려 준다.

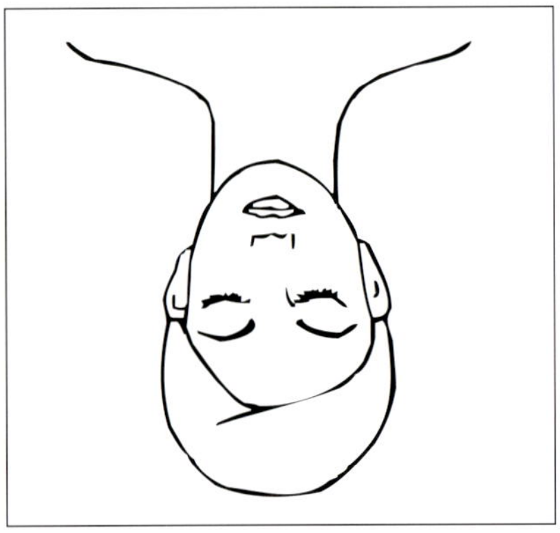

5 닦아내기

해면을 이용하여 닦아낸다.

3) 고마지 타입

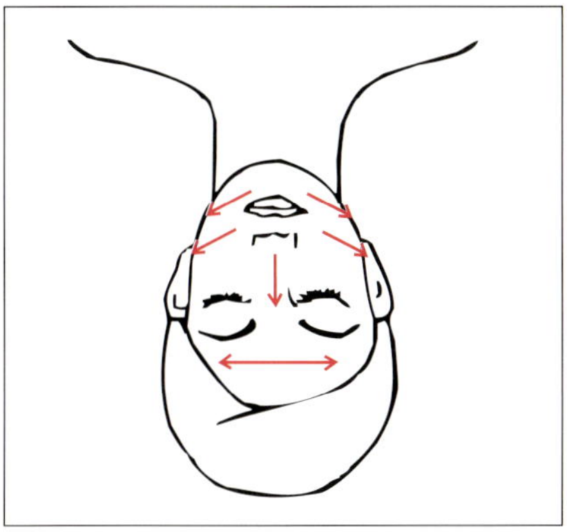

1 얼굴에 바르기

브러시를 이용하여 턱 → 뺨 → 코 → 이마의 순서로 바른다.

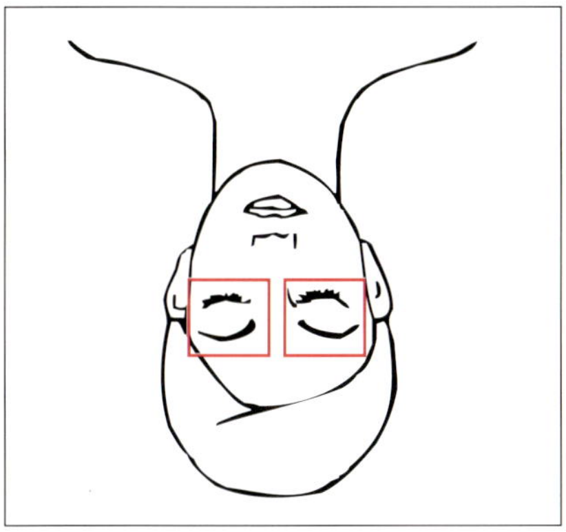

2 눈에 아이패드 올리기

눈에 아이패드를 올려놓는다.

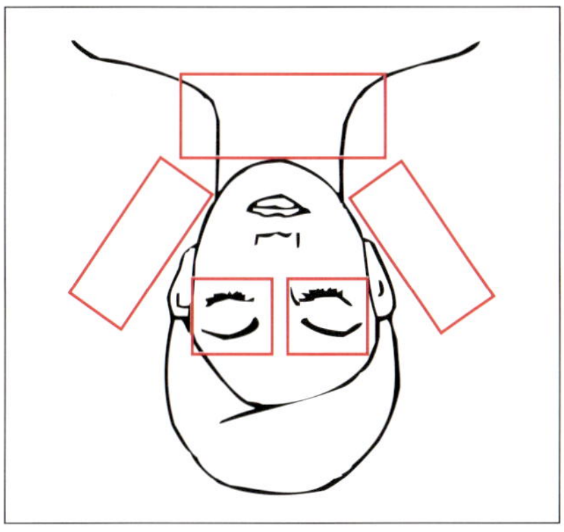

3 티슈로 놓기

티슈를 고객의 얼굴 주변 및 목에 올려놓아 제품이 떨어져 고객에게 불편함을 주지 않도록 한다.

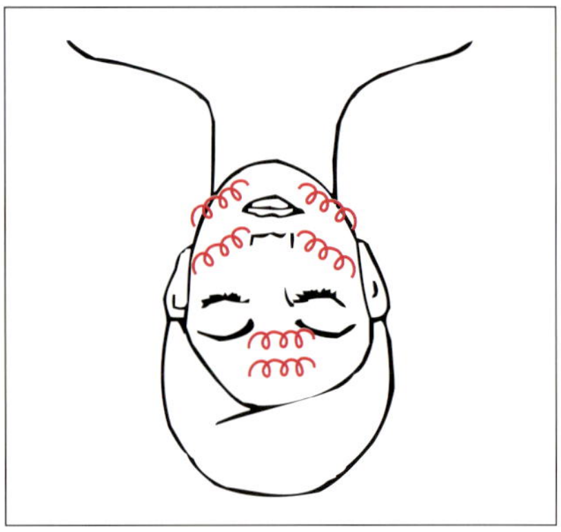

4 손가락으로 둥글리기

일정 시간이 지난 후, 한 손의 손가락 끝을 이용하여 원을 그리듯이 얼굴 전체를 둥글려 준다. 다른 손은 얼굴 피부를 붙잡아 스트레칭하고 잘 지탱해 준다.

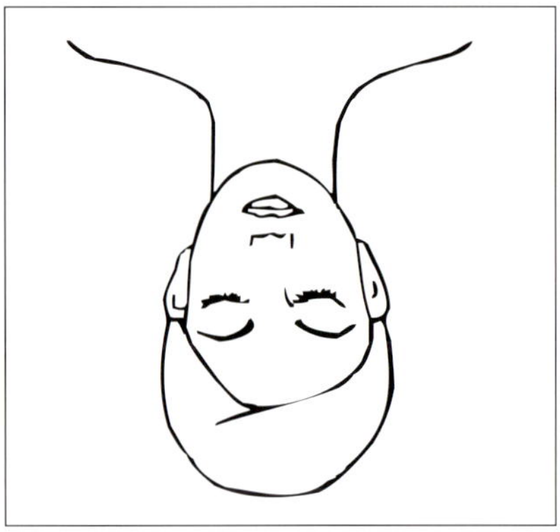

5 닦아내기

해면을 이용하여 닦아낸다.

12 | 화장수

화장수는 클렌징 후 피부 산성도의 균형을 회복시키기 위하여 pH 5~7 정도의 약산성으로 정제수, 알코올, 보습제를 기본 성분으로 사용 목적에 따라 산이나 알칼리, 혹은 수렴제 등 기타 성분이 배합된다. 화장수는 수분공급 및 청량감을 주며 클렌징 단계를 마무리하며 동시에 트리트먼트의 첫 보습 단계이다.

1. 화장수의 효과

① 피부의 pH 균형을 맞춘다.
② 피부에 청량감과 긴장감을 부여한다.
③ 다음 단계의 제품 흡수를 용이하게 한다.
④ 클렌징의 잔여물을 제거한다.
⑤ 수분을 공급하여 피부를 유연하게 한다.

2. 기능에 따른 분류

1) 유연 화장수

보습제, 유연제가 함유되어 피부의 각질층을 촉촉하고 부드럽게 하며, 다음 단계에 사용하는 제품의 흡수를 용이하게 한다. 알코올의 함량이 수렴 화장수에 비해 적은 편이다.

2) 수렴 화장수

수렴제를 포함한 화장수로 각질층에 수분을 공급하고 모공을 수축시켜 피부결을 가다듬고 정리하며 피부에 침투하기 쉬운 세균으로부터 피부를 보호하고 소독하는 역할을 한다. 또한 알코올 배합량이 많아 과잉의 피지 분비를 억제하고 수렴하는 작용이 있어 지성 피부와 여름철 화장수로 사용된다.

3) 세정용 화장수

피부의 노폐물과 화장을 지울 때 사용하는 것으로 세정 효과를 높이기 위해 계면활성제와 알코올의 함량이 높고 보습제도 첨가한다. 기능적인 측면에서는 세안제로도 속한다.

4) 영양 화장수

피부에 유분과 수분을 공급하여 피지막을 보충하며 유동성이면서 유화된 형태로 영양효과를 준다.

5) 소염 화장수

수렴과 소염 작용을 하며 과잉 피지의 흡수 및 염증 피부를 진정시키는 효과가 있다.

6) 다층상 화장수

유상과 수상으로 분리되어 있어 사용 전에 흔들어 사용한다. 유성 성분을 포함하므로 사용감이 부드럽다.

3. 알코올 함유량에 따른 분류

1) 무알코올 화장수

알코올의 함량이 0~4% 정도로 자극이 적고 건성이나 민감성 피부에 적당하다.

2) 유연 화장수

알코올 함량이 4~10% 정도의 부드러운 화장수로 수분을 공급하여 피부의 유연성을 높여주며 모든 피부에 사용한다.

3) 수렴 화장수

알코올 함량이 15~22% 정도로 사용감이 산뜻하고 피지를 제거하므로 지성이나 여드름 피부에 적당하다.

4. 화장수 바르는 방법

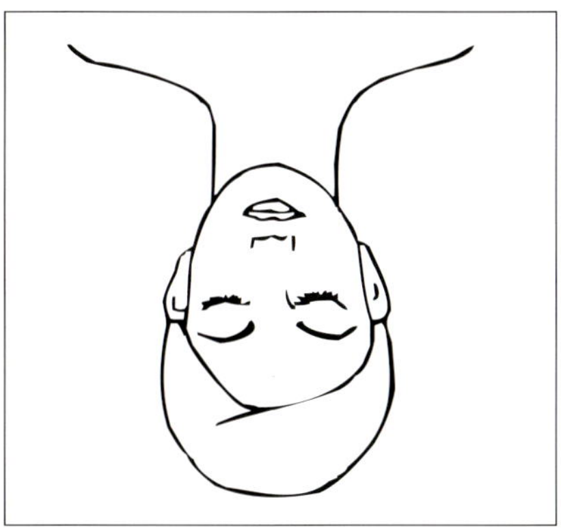

1) 한 손을 이용하여 바르기 (화장솜 1장 사용하기)

1 화장수 묻히기

화장솜에 적당량의 화장수를 묻힌다.

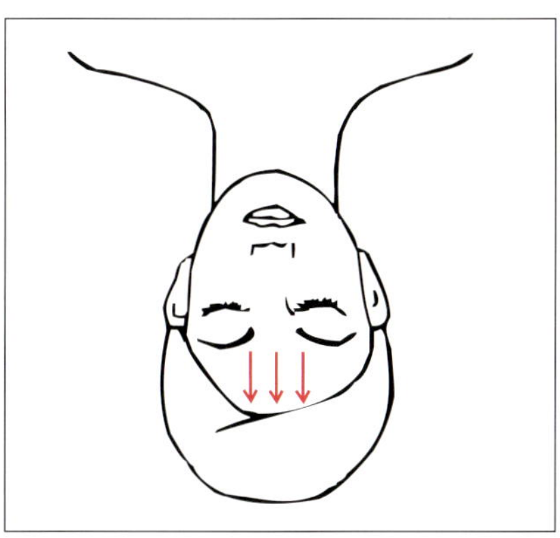

2 이마에 바르기

이마는 아래에서 위쪽 방향으로 바른다.

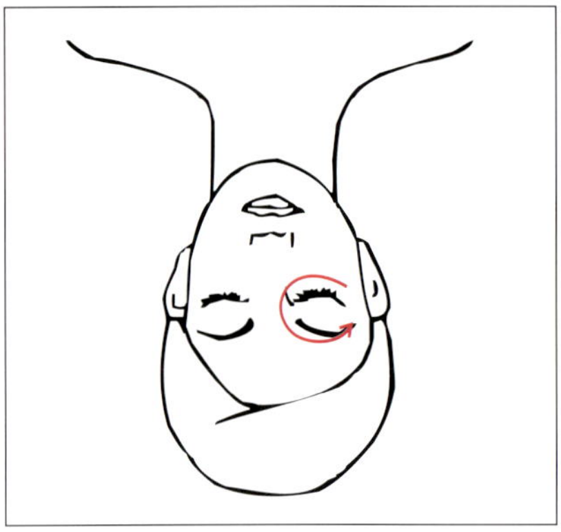

3 눈 주위에 바르기

한쪽 눈 주위는 바깥에서 안쪽으로 원을 그리면서 돌려 바른다.

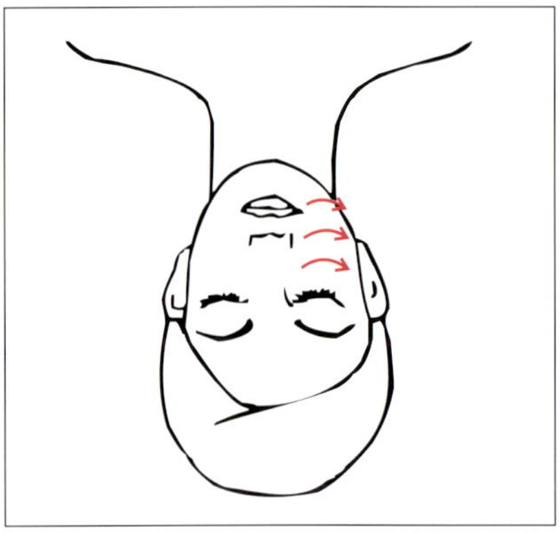

4 뺨에 바르기

안쪽에서 바깥쪽 방향으로 바르면서 아래쪽으로 내려간다.

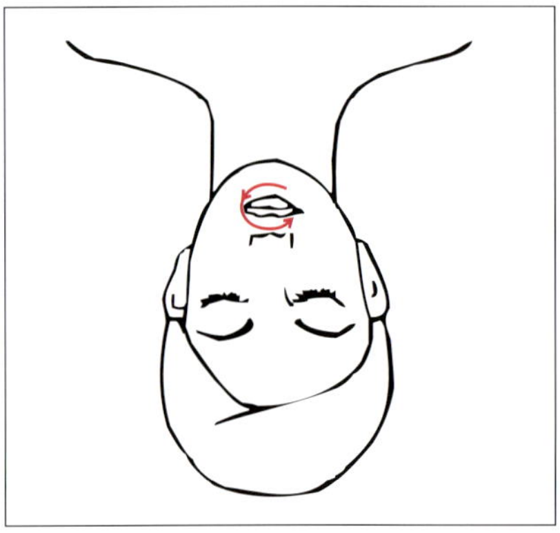

5 입술 주변에 바르기

입술 주변은 원을 그리면서 돌려가며 바른 후 반대쪽으로 손의 방향을 바꾼다.

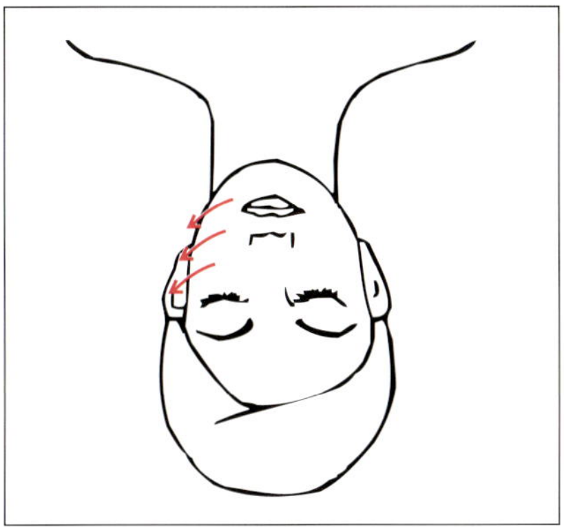

6 빰에 바르기

다른 쪽 빰을 안쪽에서 바깥쪽 방향으로 바르면서 위쪽으로 올라간다.

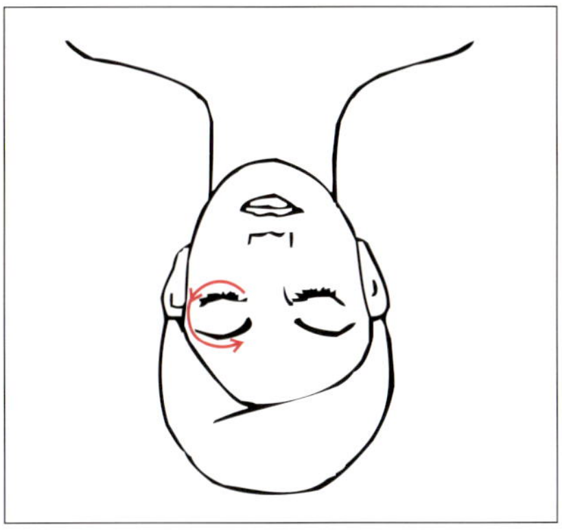

7 눈 주위에 바르기

다른 쪽 눈 주위는 바깥에서 안쪽으로 원을 그리면서 돌려 바른다.

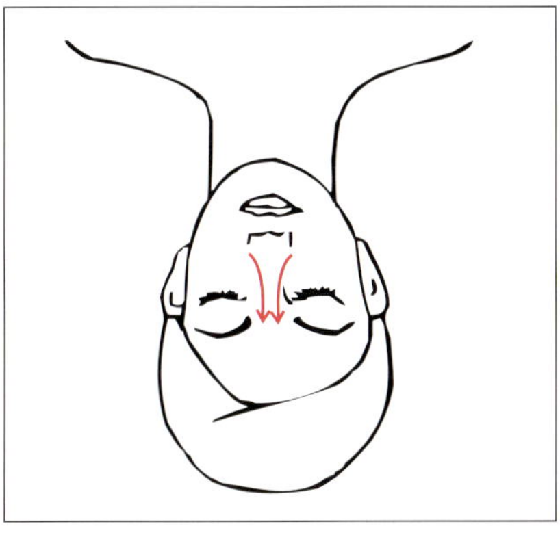

8 코에 바르기

코는 아래쪽에서 위쪽으로 바른다.

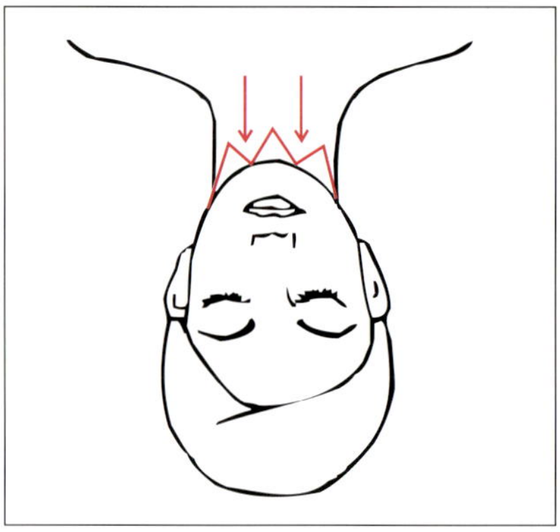

9 턱 아래와 목에 바르기

얼굴 측면을 따라 내려와 턱 아랫부분은 지그재그로 바른 후, 목은 아래에서 위쪽 방향으로 바른다.

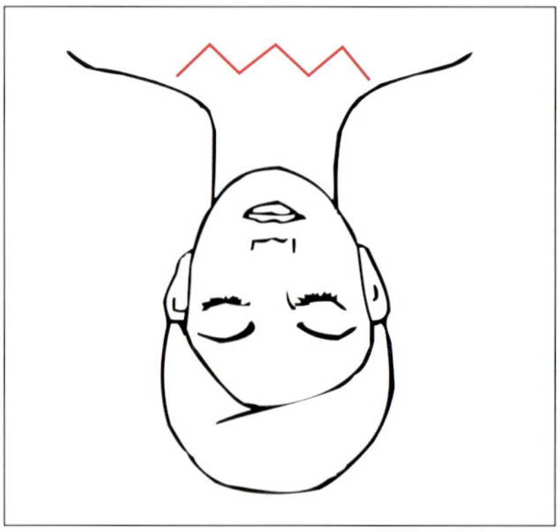

10 앞가슴에 바르기

앞가슴 부위는 지그재그 모양으로 바른다.

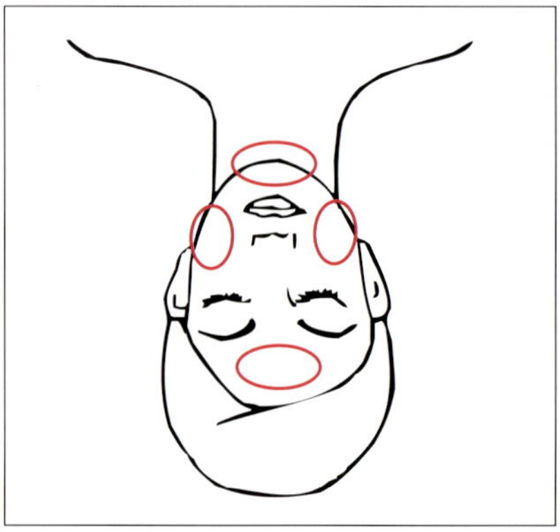

11 굴에 제품 흡수시키기(지그시 눌러주기)

양 손바닥을 이용하여 한 손은 이마, 다른 한 손을 턱을 지그시 눌러주고, 양손으로 뺨을 지그시 눌러 준다.

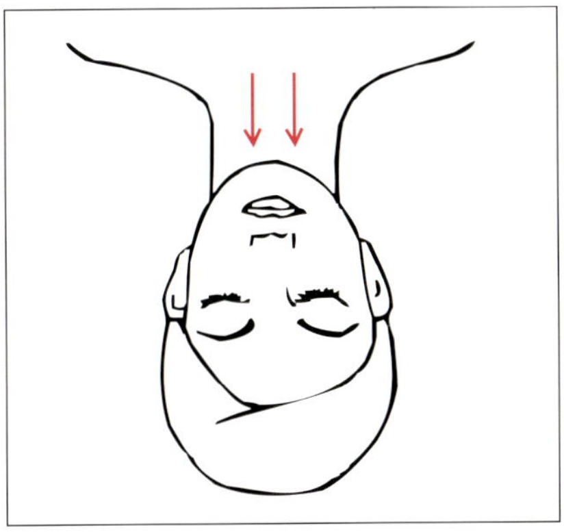

12 목에 제품 흡수시키기

손바닥으로 목 부위를 아래에서 위쪽 방향으로 치면서 올려준다.

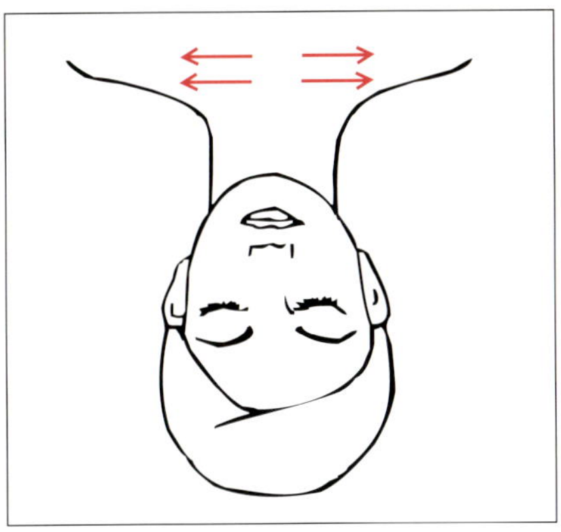

13 앞가슴에 제품 흡수시키기

양손으로 앞가슴을 양옆으로 쓸어준다.

2) 양손을 이용하여 바르기(화장솜 2장 사용하기)

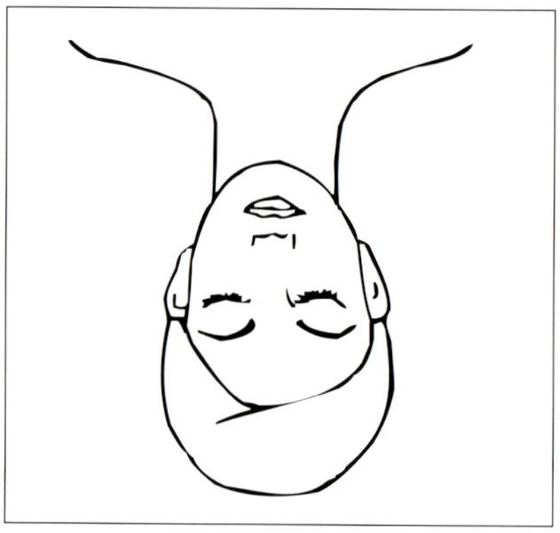

1 화장수 묻히기

적당량의 화장수를 묻힌 화장솜을 중지 사이에 낀다.

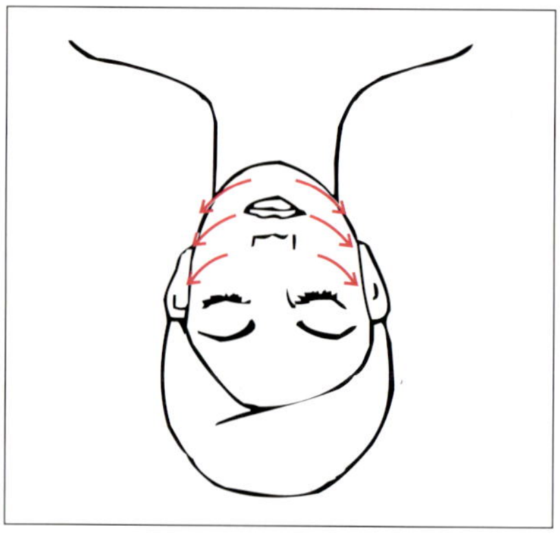

2 뺨에 바르기

뺨은 안쪽에서 바깥쪽 방향으로 뺨의 아랫부분에서 윗부분으로 올라오면서 바른다.

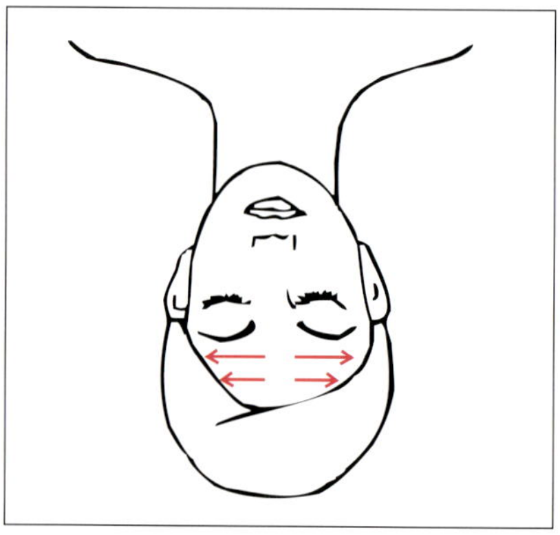

3 이마에 바르기

이마는 중앙에서 양옆으로 바깥쪽 방향으로 바른다.

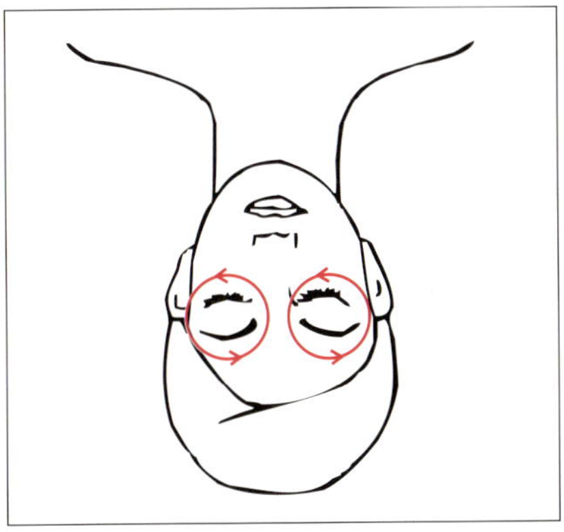

4 눈 주변에 바르기

눈 주변을 바깥쪽에서 안쪽 방향으로 원을 그리면서 돌려 바른다.

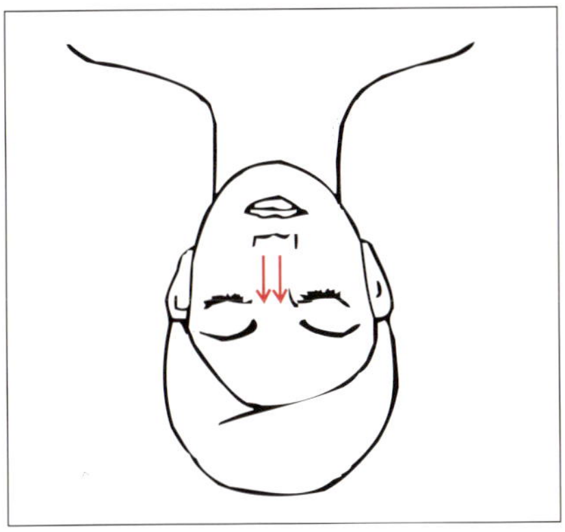

5 코에 바르기

코는 아래에서 위쪽 방향으로 손을 번갈아가면서 바른다.

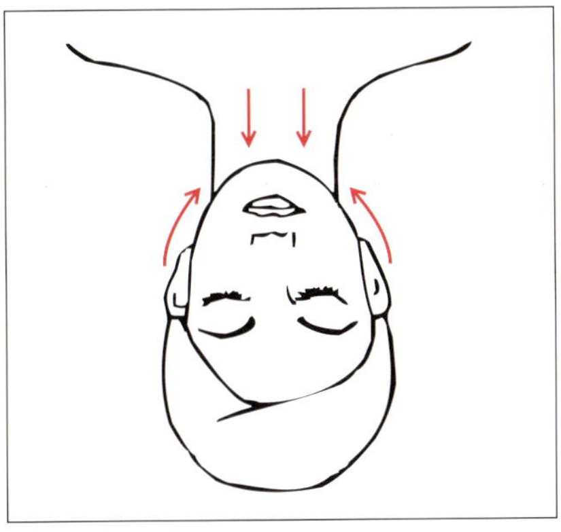

6 목에 바르기

얼굴 측면을 따라 내려간 후 목은 아래쪽에서 위쪽 방향으로 바른다.

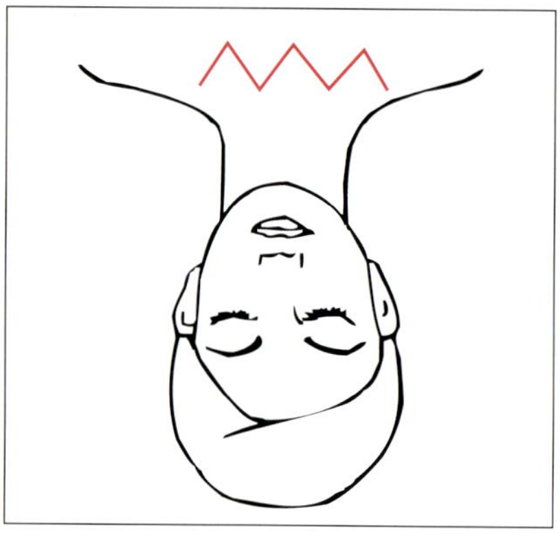

7 앞가슴에 바르기

앞가슴 부위는 지그재그 모양으로 바른다.

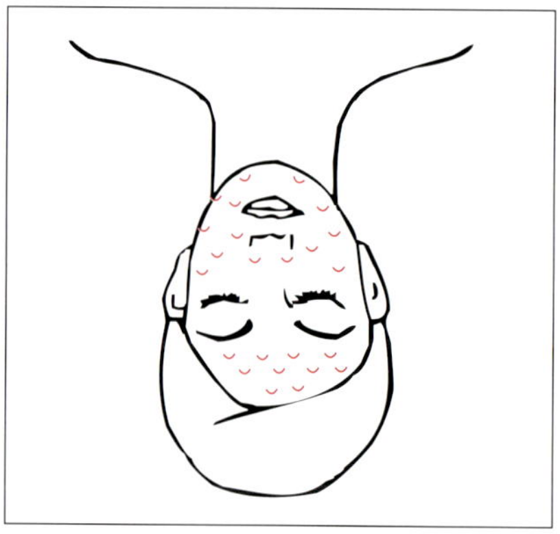

8 얼굴에 제품 흡수시키기(두들기기)

얼굴 전체를 손가락 끝으로 두들긴다.

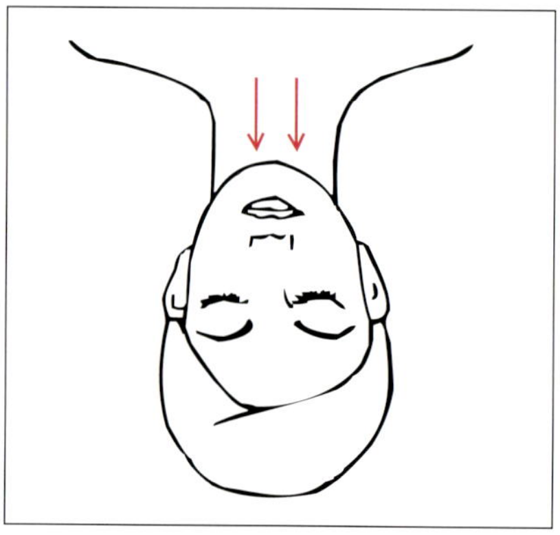

9 목에 제품 흡수시키기

손바닥으로 목 부위를 아래에서 위쪽 방향으로 치면서 올려준다.

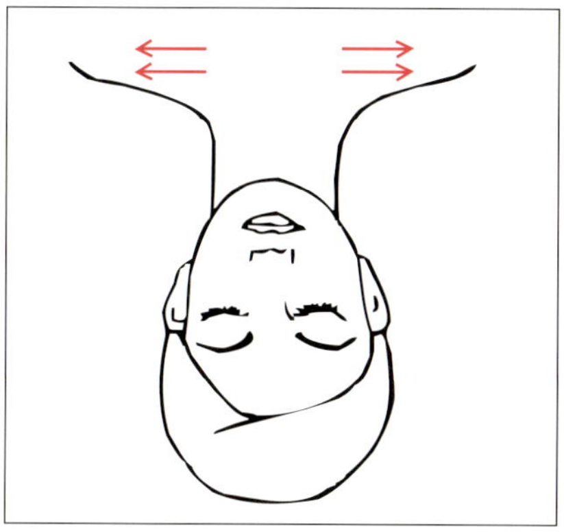

⑩ 앞가슴에 제품 흡수시키기

양손으로 앞가슴을 양옆으로 쓸어준다.

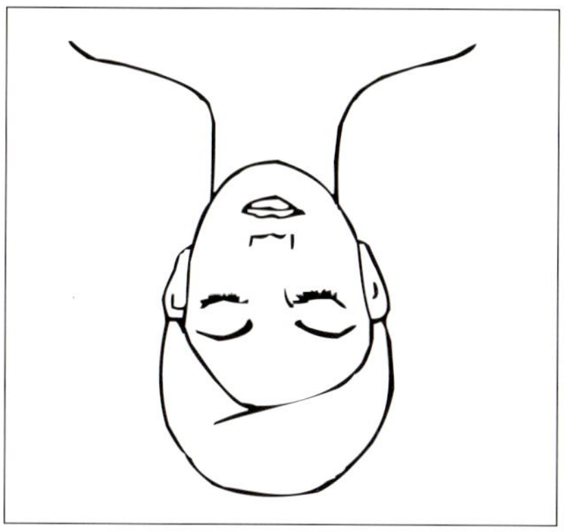

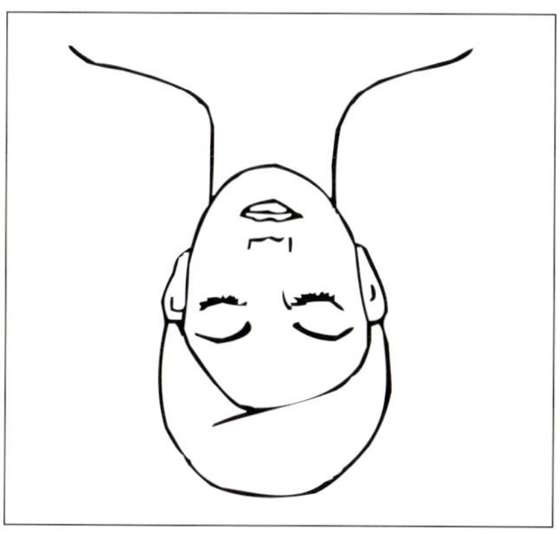

13 매뉴얼 태크닉

1. 매뉴얼 테크닉

1) 정의

매뉴얼테크닉은 신체적 접촉을 통해 근육을 자극하고 이완시키며, 순환이 증가되어 세포에의 영양공급을 증진시키고 긴장과 불안, 스트레스를 감소시키며, 피부 손상을 예방하고 피부 상태를 건강하게 유지해 준다.

오늘날 사용되고 있는 마사지는 신체의 연조직을 자극시키는 것으로 이러한 자극은 손을 이용했을 때 가장 효과적으로 나타나며 신경계, 근육계, 호흡계의 효과와 함께 혈액과 림프액의 순환을 증진시킬 목적으로 사용된다. 즉, 마사지는 조직과 근육의 진정 효과를 가져오며 정신적 긴장완화를 통한 자기 치료 능력을 극대화시키는 의미를 가진다.

2) 마사지의 방향

마사지는 심장을 향해 원심력의 방향으로 행해진다. 히포크라테스(Hippocrates) 임상 관찰 결과 마사지는 표면상의 정맥 혈관에 영향을 주므로 심장을 향해 흐르는 정맥의 흐름을 도와 혈관 부담을 줄여 울혈 상태를 없게 한다.

3) 기본 동작

1 쓰다듬기(유날법, 경찰법 : Effeurage, Stroking)

2 문지르기(마찰법, 강찰법 : Friction, Rubbing)

3 반죽하기(유찰법, 유연법 : Petrissage, Kneading)

4 두드리기(고타법, 경진법, 타진법 : Tapotement, Pecrussion)

5 떨기(흔들기, 진동법 : Vibration)

4) 매개체(Media)

민감한 피부의 마찰을 피하는 효과를 준다.

1 유동성 : 올리브유, 글리세린, 코코넛기름, 아몬드유 등

2 고형성 윤활제 : 바셀린, 라놀린, 돼지기름, 콜드크림, 코코아, 버터 등

3 분말가루 : 베이비파우더, 붕산, 활석분, 탈콤 파우더 등은 시술자의 손에서 습기를 방지하여 피부 마찰의 원인을 막는다.

5) 효과

① 손의 움직임을 통하여 피부의 소생을 도모한다. 즉, 진피유두체의 위축을 막으며, 결합섬유(교원섬유) 기질의 노화를 막고, 아름다움을 유지시킬 수 있다.

② 혈액순환과 림프순환을 촉진시키며, 조직으로의 영양물이나 산소의 공급을 원할히 한다.(신진대사 촉진)

③ 근육과 관절, 근, 건의 유연한 움직임을 도와준다. 장기환자들의 물리요법으로 많이 이용한다.

④ 피부기능과 호흡, 소화기능을 활발하게 하여 장기능을 자극시킨다.

⑤ 경련을 풀어준다.

⑥ 피부의 온도를 높여준다.

⑦ 피로를 회복시키고 윤기 있는 피부로 해준다.

⑧ 심리적 안정을 가져오게 한다.

마사지에 있어서 손놀림은 마사지를 받는 몸 부분의 모양과 크기가 정확하여야 한다. 문지르고, 쓰다듬고, 전이는 표피에 작용하고, 두드리기 동작은 표피 밑층에 효과를 미친다.

6) 주의 사항

마사지를 하는 사람이나 받는 사람은 필수적으로 건강 상태에 주의하여야 한다. 즉, 마사지를 통하여 표피에 붙어있는 박테리아가 전염되거나 다른 피부병을 유발해서는 안 된다. 가장 편한 몸 상태를 취하며, 이로 인해서 근육의 긴장을 막고 힘을 절약할 수 있어야 한다.

너무 힘을 강하게 작용시키지 말며, 신경을 안락하게 하기 위하여 생리리듬을 맞추고 근육 결 방향으로 한다. 마사지 크림은 피부 타입에 맞춰서 사용한다.

7) 마사지를 해서는 안 되는 사람(금기증)

① 가슴, 배 마사지를 임신부에게는 금한다.
② 외상이 있거나 내부에 질환이 있는 사람, 염증성 환자, 화장품 알레르기, 피부병이 있는 사람
③ 정맥류(정맥벽이 부분적으로 확장된 상태)
④ 생리 전의 정신이 불안정하여 피부의 트러블이 일어나기 쉬운 때
⑤ 선탠 직후 피부가 달아 있을 때

2. 마사지 동작

1) 앞가슴 마사지

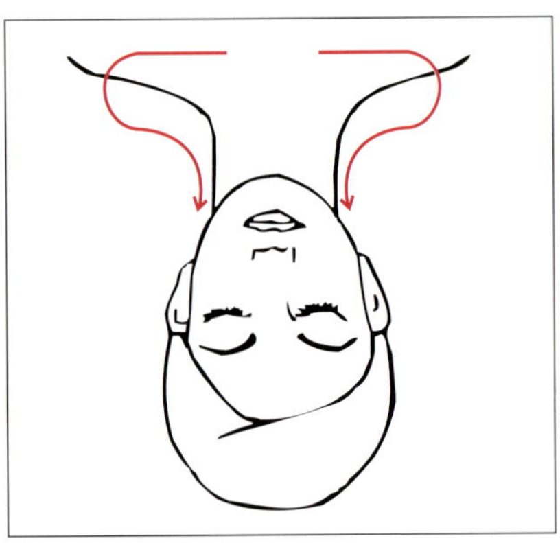

1 제품 도포

양손에 적당량의 제품을 덜어 양손으로 비빈 후 앞가슴에 손을 넣고 액와 방향으로 쓸어주면서 어깨를 돌아 승모근을 지나 목 뒤쪽으로 발라 펴준다.

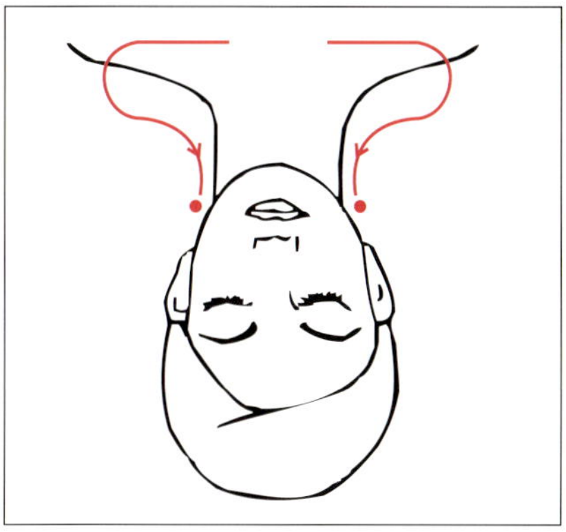

2 앞가슴 쓰다듬기

양손을 가슴 중앙에 놓고 액와 부위를 지나 어깨를 감싸고 목 뒤쪽으로 쓰다듬으며 풍지를 지압한다.

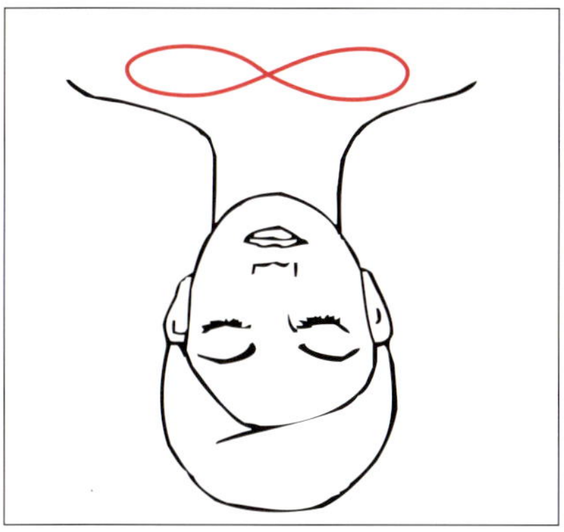

3 ∞로 쓰다듬기

양손을 겹쳐서 한쪽 액와 부위에서 다른 쪽 액와 부위를 향하여 ∞자 모양으로 쓰다듬는다.

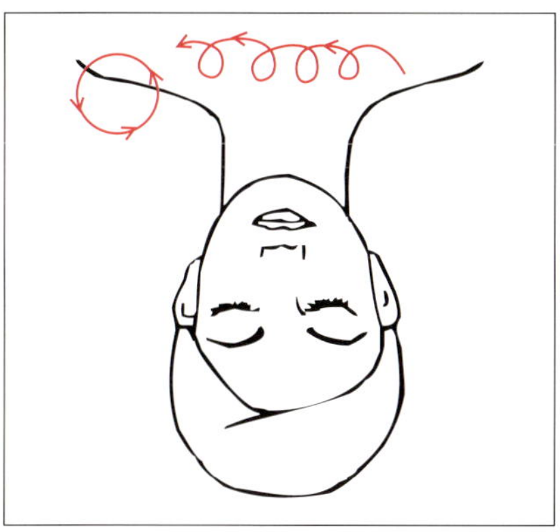

4 원을 그리면서 쓰다듬고 누르기

한손을 사용하여 한쪽 액와 부위에서 다른 쪽 액와 부위를 향하여 원을 그리면서 쓰다듬고 액와 부위에서 양손을 겹쳐 원을 그리면서 눌러준다. 어깨를 돌아 손을 바꾸고 반대 방향을 향하여 위의 방법을 따른다.

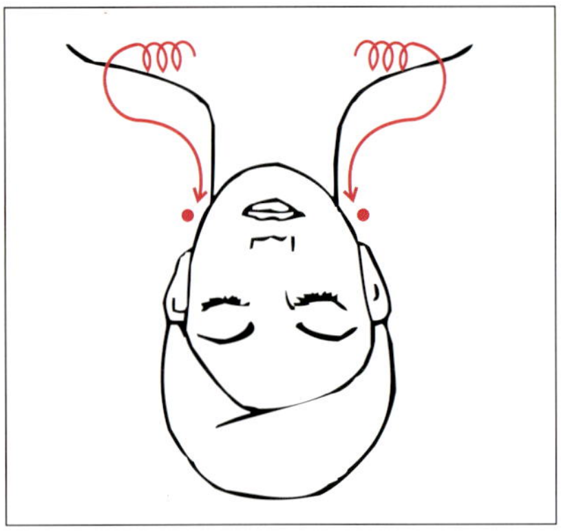

5 외회전 방향으로 원을 그리면서 쓰다듬기

양손을 가슴 중앙에 놓고 액와 부위를 향하여 외회전 방향으로 원을 그리면서 쓰다듬고 어깨를 감싸고 목을 지나 풍지를 지압한다.

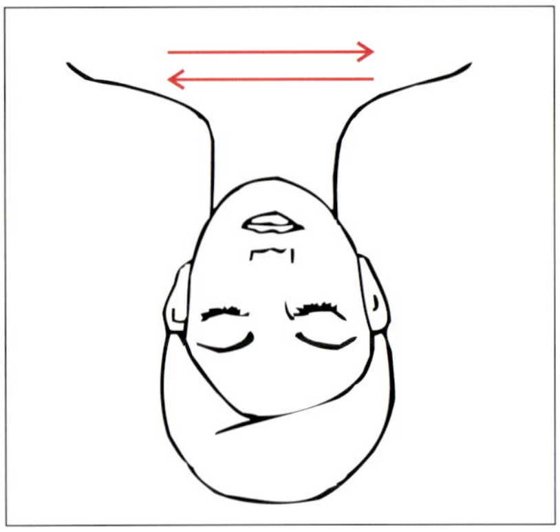

6 옆으로 쓰다듬기

양손을 번갈아가며 옆으로 쓸어주면서 쓰다듬는다.

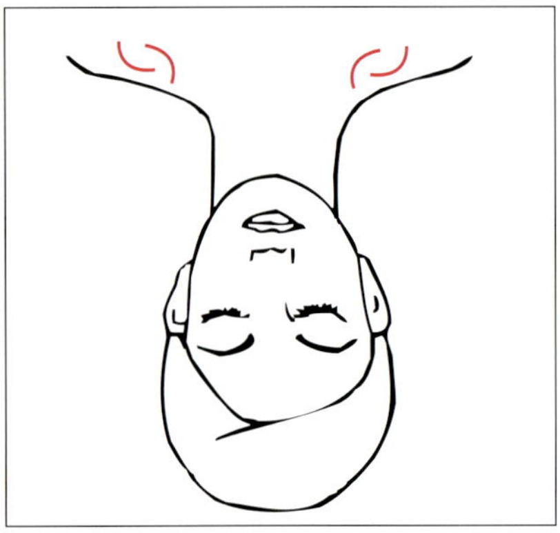

7 대흉근 반죽하기

양손을 번갈아가며 대흉근을 반죽한다.

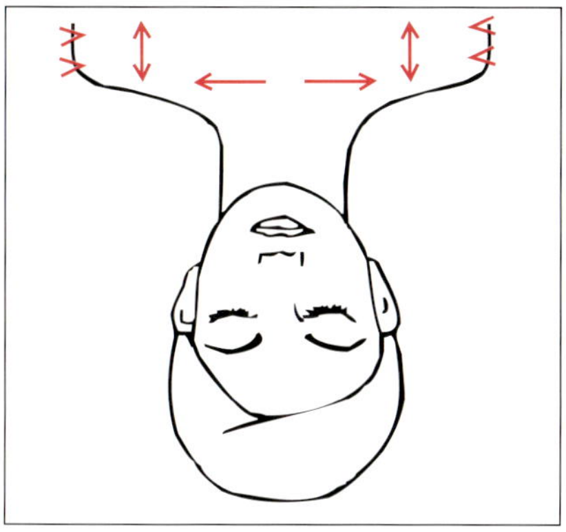

8 앞가슴과 팔을 쓰다듬고 튕겨주기

양손을 가슴 중앙에 놓고 액와 부위 방향으로 쓰다듬고, 위쪽 팔을 위쪽, 아래쪽으로 왕복하면서 쓸어주고, 손가락 끝으로 튕겨준다.

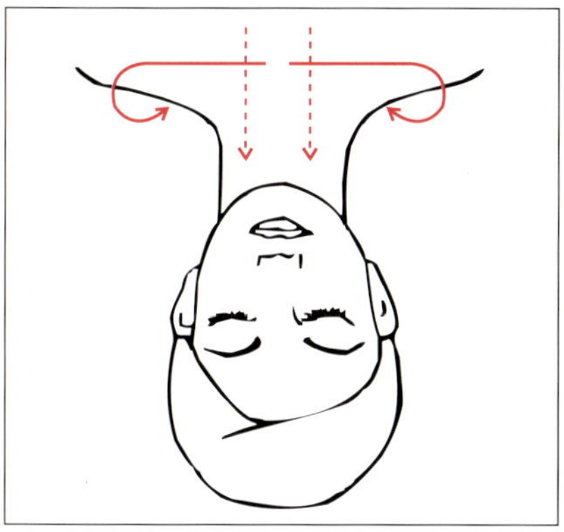

9 척추 기립근 훑어주기

양손을 가슴 중앙에 놓고 액와 부위 방향으로 쓰다듬고, 어깨를 지나 승모근 뒤쪽으로 가서 등 아래로 손을 넣는다. 양 손으로 척추 양쪽을 위쪽 방향으로 끌어올린다.

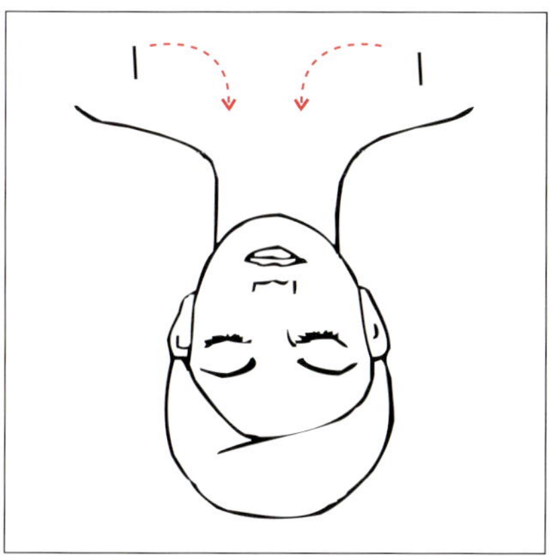

10 견갑골 훑어주기

한손은 어깨에 고정하고 다른 한 손은 견갑골을 훑어준다. 반대쪽 손도 같은 방법을 따른다.

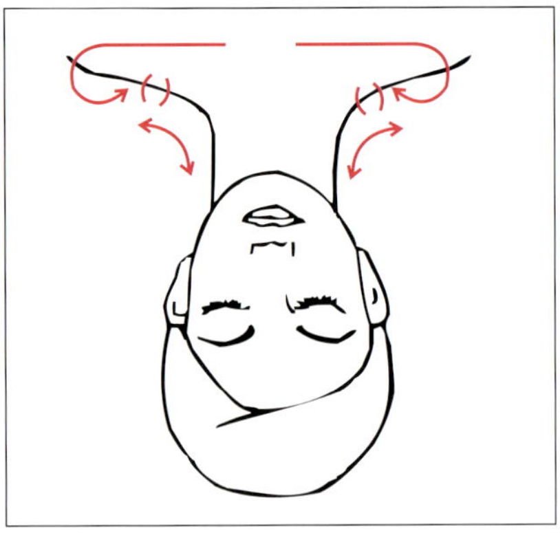

11 승모근 주무르기

양손을 가슴 중앙에 놓고 액와 부위 방향으로 쓰다듬고, 어깨를 지나 승모근을 주무르고, 엄지를 이용해 쓸어준다.

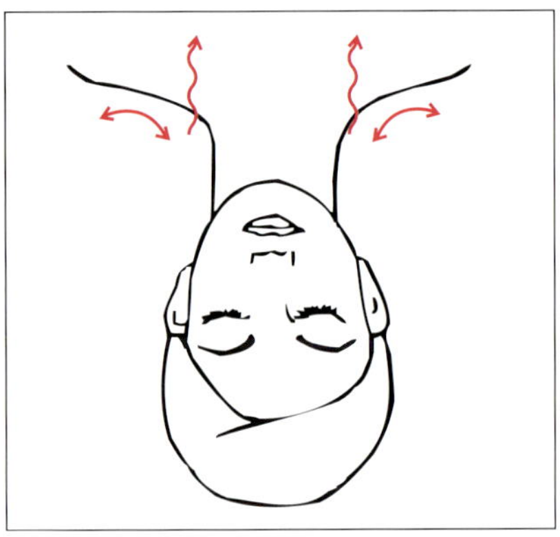

12 주먹으로 목과 승모근 마찰하기

주먹을 쥐고 목 측면과 승모근을 마찰하고 위쪽으로 튕겨준다.

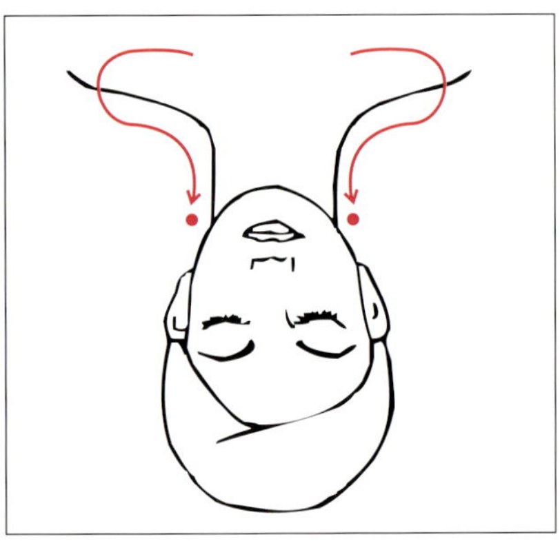

13 앞가슴 쓰다듬기

양손을 가슴 중앙에 놓고 액와 부위를 지나 어깨를 감싸고 목 뒤쪽으로 쓰다듬으며 풍지를 지압한다.

2) 얼굴 마사지

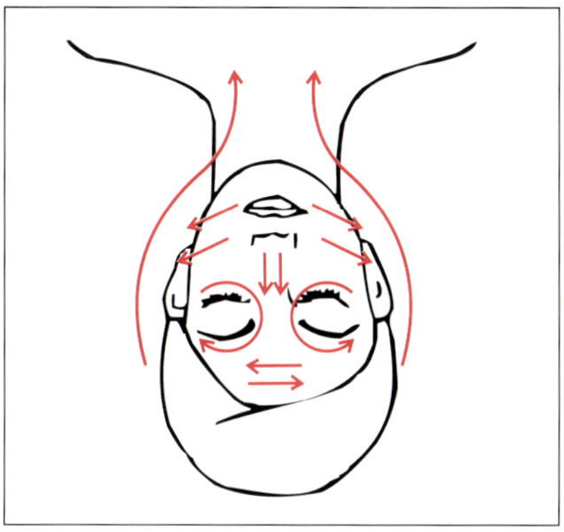

1 제품 도포하기

적당량의 제품을 양손에 덜어 비빈 후 턱, 뺨, 눈 주변, 코, 이마에 바르고 얼굴 측면을 따라 내려와 목에 펴 바른다.

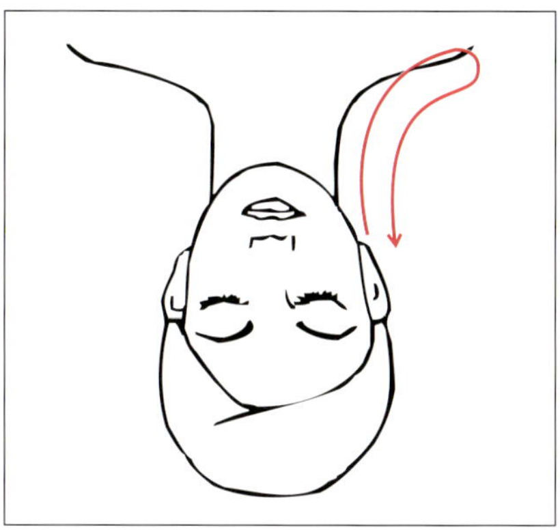

2 목 측면 쓰다듬기

얼굴을 한쪽으로 돌린 채, 한 손으로 머리를 받치고, 다른 손으로 귀밑에서 목 측면을 따라 위에서 아래 방향으로 쓰다듬으며 어깨를 지나고 승모근을 지나 다시 귀 밑쪽을 향해 쓰다듬는다.

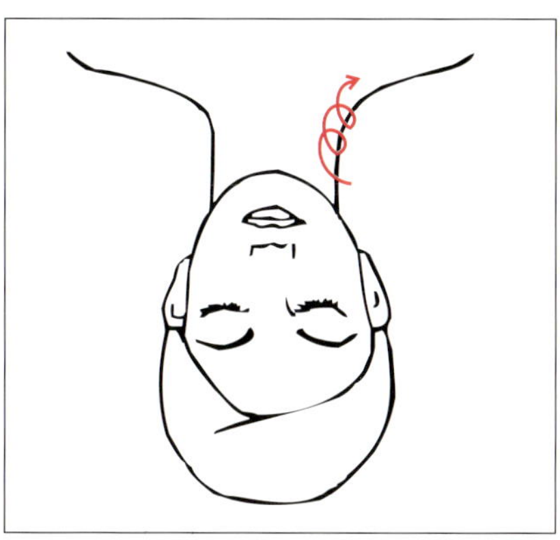

3 목 측면 엄지로 원 그리기

엄지를 이용하여 목 측면을 원을 그리면서 쓰다듬는다. 반대쪽도 ②번, ③번의 방법을 따른다

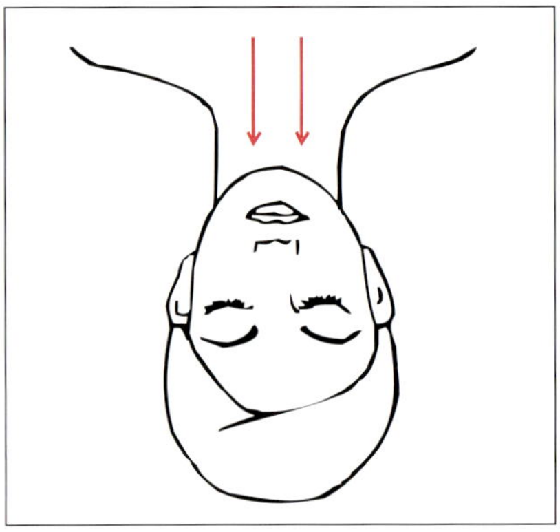

4 목 쓰다듬기

얼굴을 정면을 향해 똑바로 놓고, 목을 아래에서 위쪽 방향으로 양손을 번갈아 가며 쓰다듬는다.

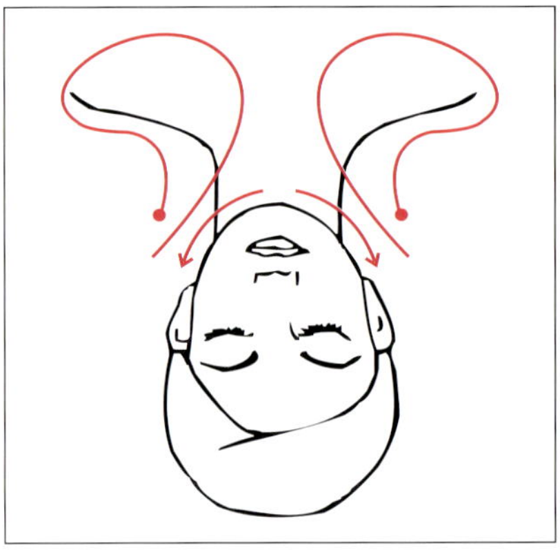

5 턱 쓸어주기

양손으로 턱을 쓸면서 지나가 귀밑에 손을 놓고 목 아랫부분으로 내려와 앞가슴을 쓸어주면서 어깨를 지나고 목 뒤쪽을 지나 풍지를 지압한다.

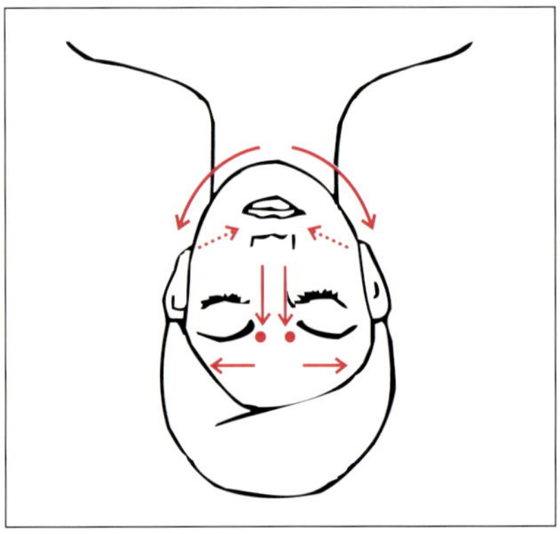

6 턱 쓸고 눈썹 사이 누르기

양손으로 턱을 쓸면서 귀밑까지 간 후 손을 모아 코 측면을 따라 올라오면서 손가락으로 눈썹 사이를 누르고 이마를 양옆으로 쓸어준다.

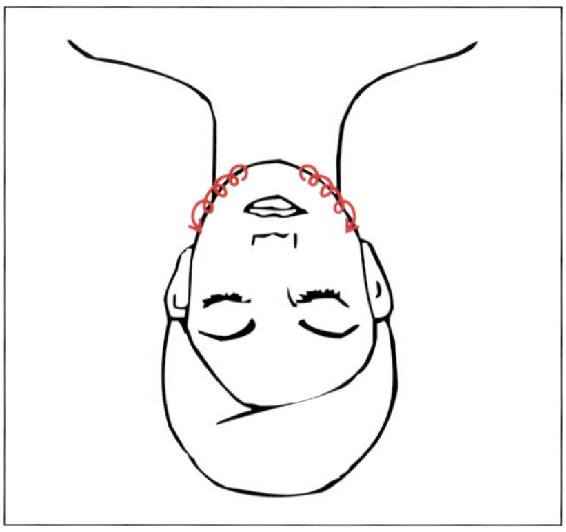

7 주먹으로 턱선 원 그리기

주먹을 쥐고 턱선을 원을 그리면서 돌려준다.

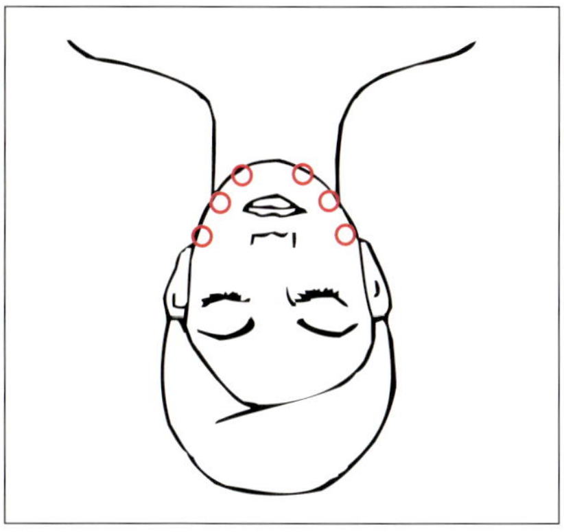

8 엄지로 턱선 큰 원 그리기

양 엄지를 이용하여 턱선을 따라 큰 원을 그린다.

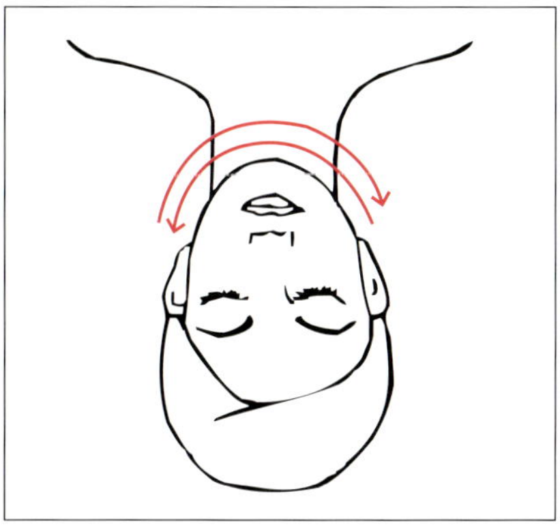

9 턱 길게 쓸어주기

양손을 한쪽씩 번갈아 가며 턱을 길게 쓸어준다.

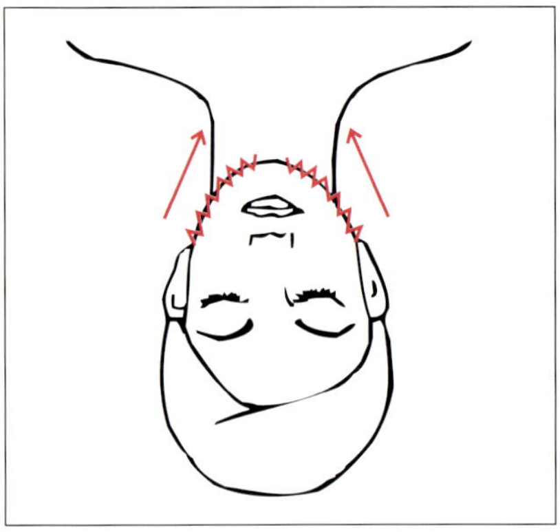

⑩ 턱 진동하기

양손을 턱에 대고 진동을 한 후 턱 중앙을 향하여 바깥쪽으로 빼준다.

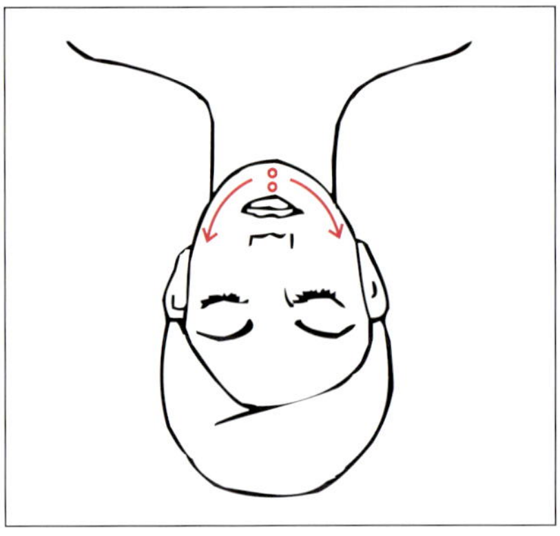

⑪ 턱 중앙에서 하악각으로 끌어당기기

양 중지를 턱 중앙에 놓고 하악각까지 끌어당긴다.

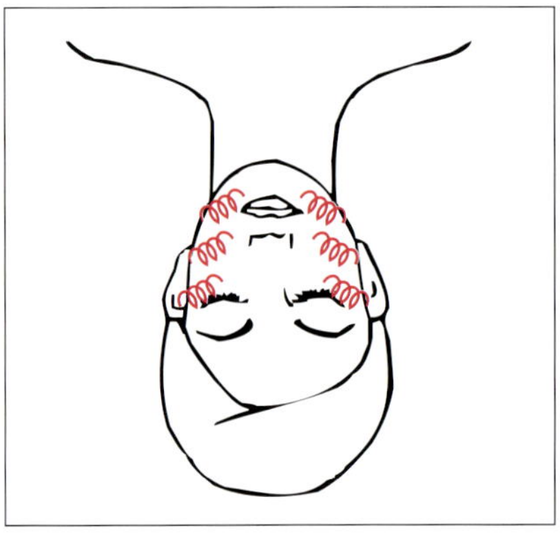

⑫ 뺨 원 그리면서 쓰다듬기

뺨을 3부위로 나누어 안쪽에서 바깥쪽으로 원을 그리면서 쓰다듬는다. 턱 중앙에서 귀밑까지, 입술 끝에서 귀 중앙까지, 콧방울 옆에서 관자놀이까지 간다.

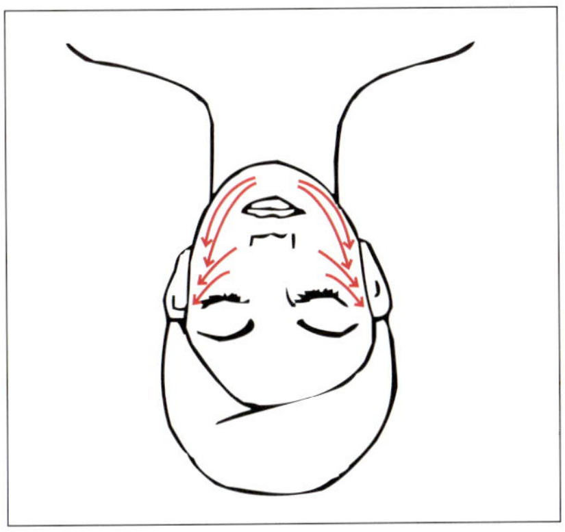

⑬ 빰 쓸어주기

한쪽 빰을 양손을 번갈아가며 안쪽에서 바깥쪽으로 쓸어 준다. 반대쪽 빰도 같은 방법을 따른다.

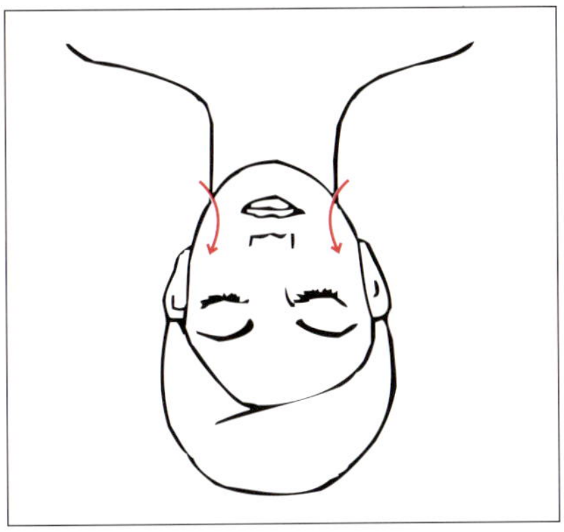

⑭ 볼 튕기기

손가락을 사용하여 양 볼을 탄력 있게 튕겨준다.

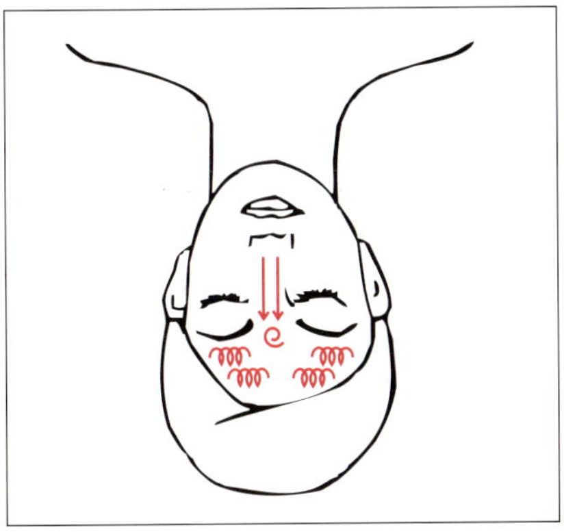

⑮ 콧등과 이마 당기기

손가락으로 콧등으로 내려갔다가 올라오면서 피부를 위쪽으로 당기면서 이마로 올라온다.

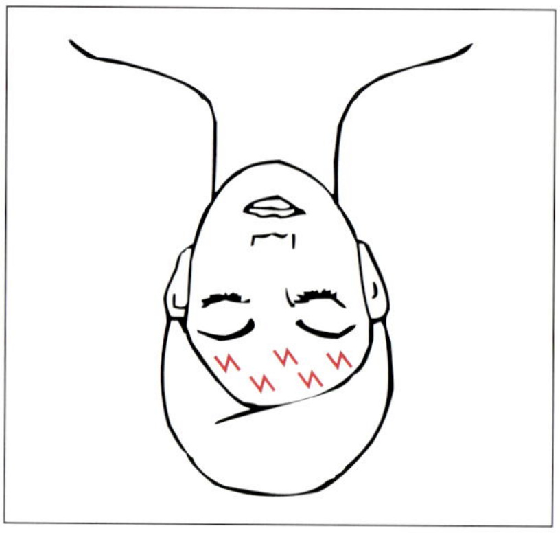

⑯ 이마 지그재그 하기

손가락을 이용하여 이마에서 지그재그를 그린다.

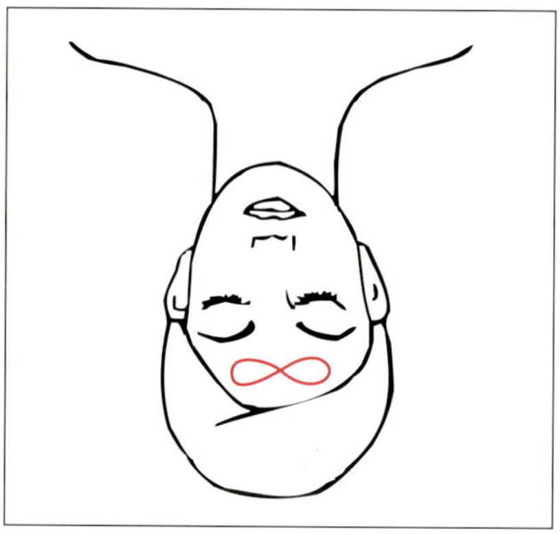

⑰ 이마 ∞자 그리기

엄지는 깍지를 낀 채 나머지 손가락으로 이마에서 ∞자를 그린다.

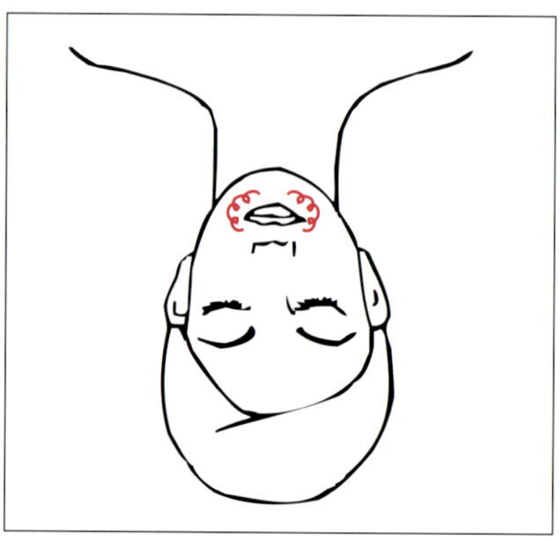

⑱ 입술 주위 둥글리기

양 엄지를 이용하여 입술 주위를 둥글린다.

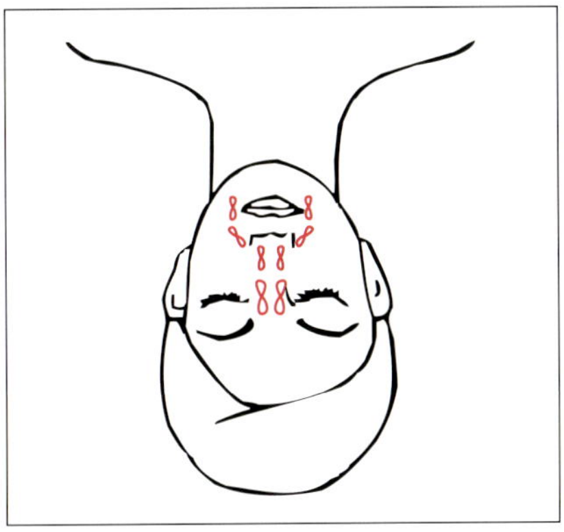

19 입술 끝, 스마일 라인, 콧방울, 코 측면 8자 그리기

중지로 입술 끝, 스마일 라인, 콧방울, 코 측면에서 8자를 그린다.

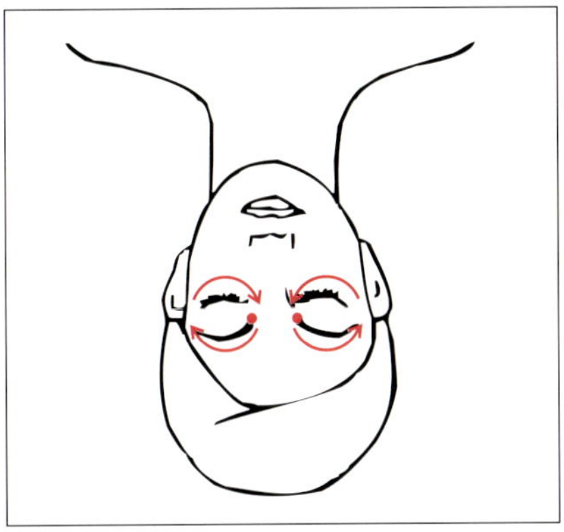

20 눈 주위 원 그리고 지압하기

중지로 눈 주위를 둥글게 원을 그리며 찬죽을 지압한다.

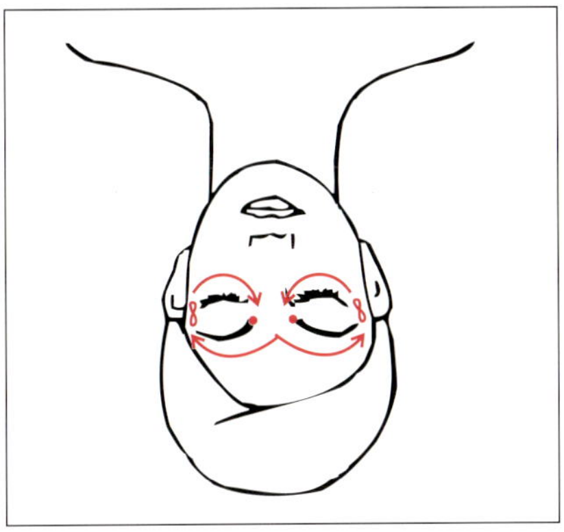

21 눈 주위 ∞자 그리기

양손을 관자놀이에 위치하고 오른손을 오른쪽 눈 밑을 지나 찬죽을 지압하고 왼쪽 눈썹 위를 지나 관자놀이에서 8자를 그린 다음, 눈 밑을 지나 찬죽을 지압하고 오른쪽 눈썹 위를 지나 관자놀이에 올려놓는다. 왼손도 같은 방법을 따른다.

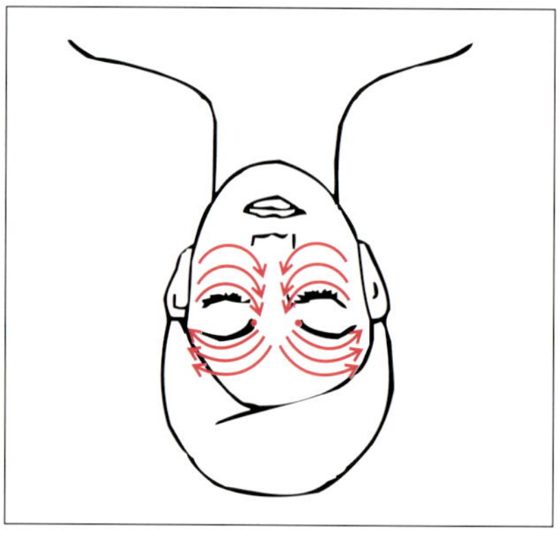

22 눈 주위 작은 원에서 큰 원 그리기

중지로 눈 주변에 작은 원, 중간 원, 큰 원을 그린다. 이때 찬죽을 지압하면서 튕기듯이 원을 그린다.

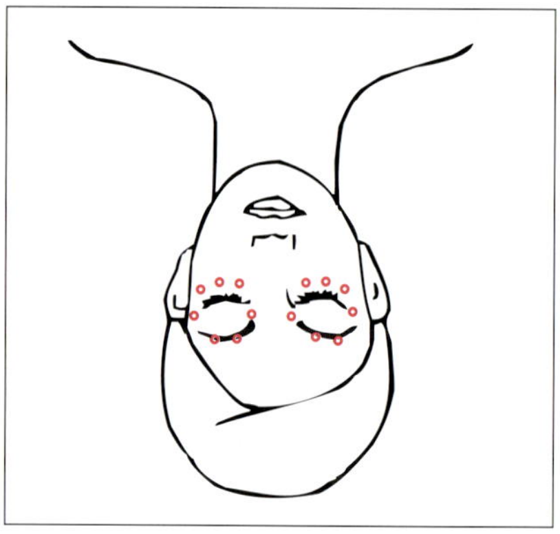

23 눈 주위 지압하기

중지, 약지를 사용하여 눈 주위를 지압한다.

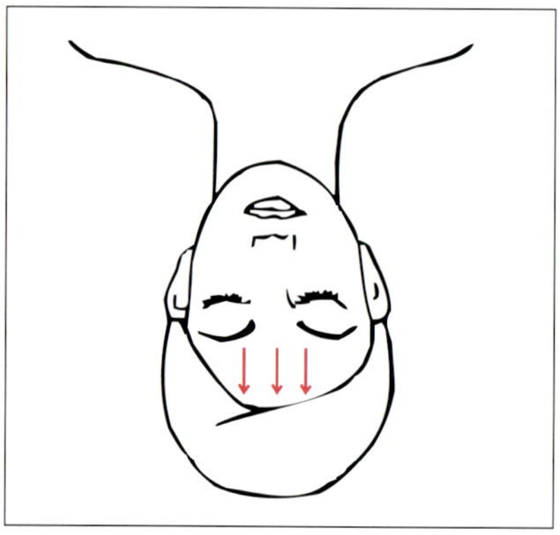

24 이마 아래에서 위쪽으로 쓸어주기

이마를 양손을 번갈아가며 아래에서 위쪽으로 쓸어준다.

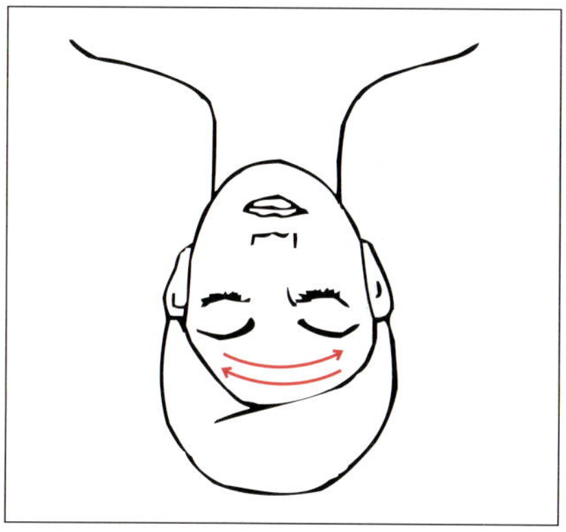

25 이마 옆으로 쓸어주기

이마를 양손을 번갈아가며 옆으로 쓸어준다.

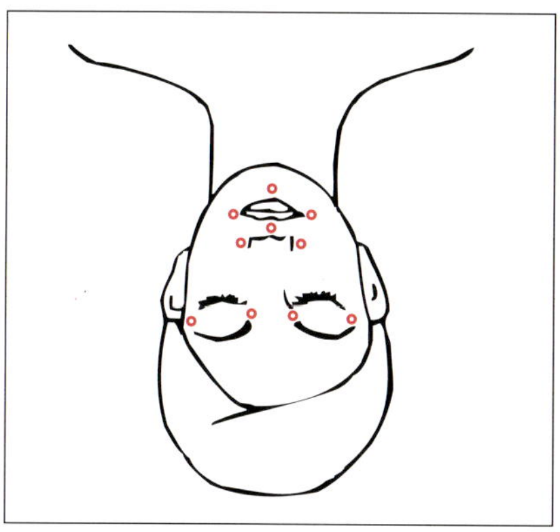

26 얼굴 지압하기

얼굴의 승장, 지창, 인중, 영향, 찬죽, 관자놀이를 지압한다.

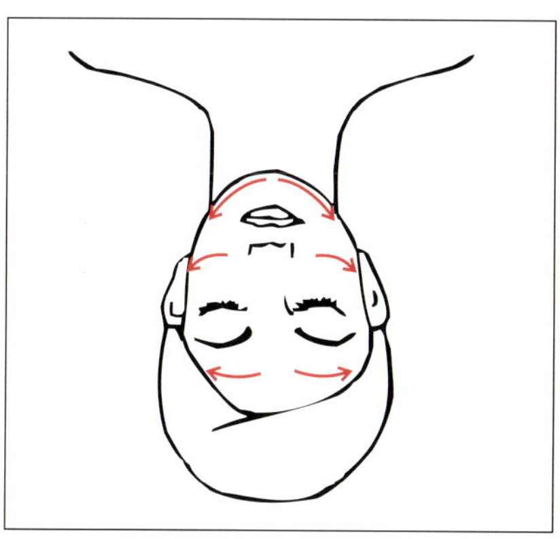

27 얼굴 쓰다듬기

얼굴 전체를 감싸 쓰다듬는다.

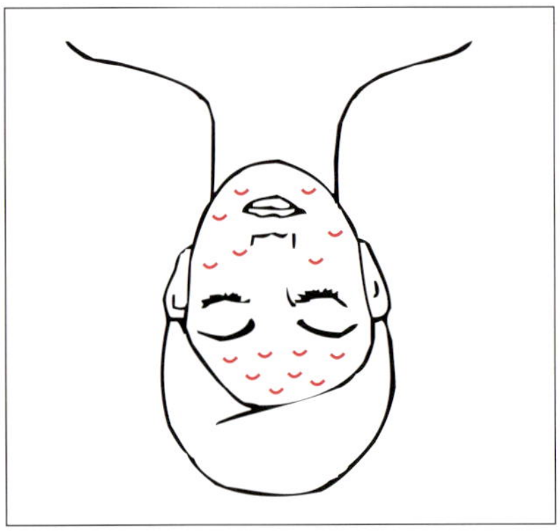

㉘ 타포먼트 동작하기

얼굴 전체를 타포먼트 동작을 한다.

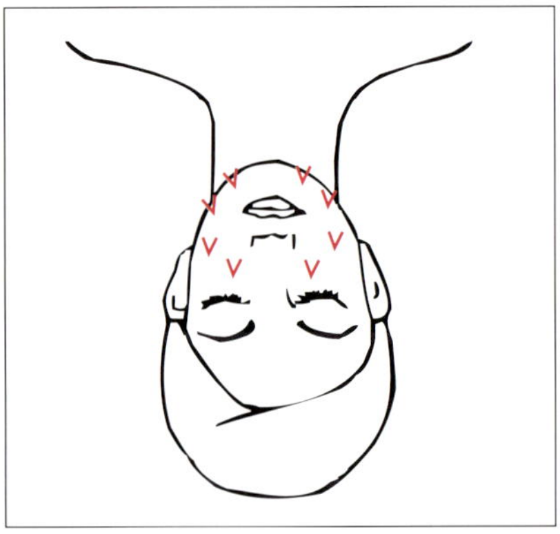

㉙ 찝어서 튕겨주기

피부를 찝어 올려 탄력 있게 튕겨준다.

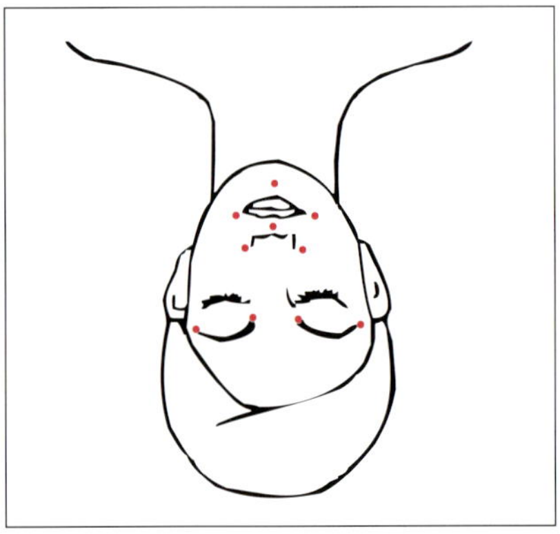

㉚ 얼굴 지압하기

얼굴의 승장, 지창, 인중, 영향, 찬죽, 관자놀이를 지압한다.

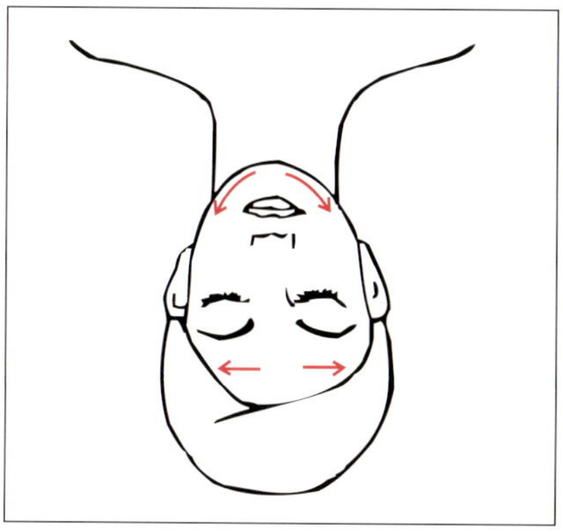

31 마무리

얼굴 전체를 감싸 쓰다듬고, 관자놀이를 지그시 지압하며 마무리한다.

14 팩 & 마스크

팩이란 막으로 '감싸준다'의 'package'에서 유래한 것으로 그 기원은 고대 이집트에서 찾아볼 수 있다. 고대에는 꿀, 우유, 진흙 등을 사용하여 피부에 적용함으로써 그 치유력을 경험하였다. 피부관리에서 팩의 과정은 필수적인 단계로서 여러 가지 기능성 활성 영양성분을 피부에 투입하기 위한 도포제재로서, 피부 상태에 맞는 팩을 사용하는 것이 중요하다.

1. 팩과 마스크의 차이점

일반적으로 팩과 마스크에 대한 용어 구별을 하지 않고 있으며, 유럽에서는 주로 마스크로, 우리나라에서는 팩이란 용어를 더 많이 사용하고 있는 추세이다.

1) 팩(pack)

도포 후 차단막을 형성하지 않고 외부의 공기와 통하며 굳지 않는다. 일정 시간이 경과하면 젖은 해면을 이용하여 제거한다.

2) 마스크(mask)

도포 후 딱딱하게 응고되며 외부와의 공기를 차단한다. 피부에 바른 후 건조하게 되면 제거한다.

2. 일반적인 효과

1. 혈액순환 촉진작용
2. 보습작용
3. 노폐물 제거의 청정작용
4. 과다한 피지 제거 및 모공 수축의 수렴작용
5. 세포 재생작용
6. 긴장감과 탄력성 부여
7. 각질 제거작용
8. 진정작용
9. 미백작용

3. 제거 방법에 따른 분류

1) 필 오프(peel off) 유형

마른 후 떼어 내는 타입으로, 팩이 건조되면서 막을 형성하므로 마른 후 막을 떼어낸다. 적당한 긴장감과 자극을 준다. 여분의 각질, 피지 제거 등의 효과가 있다.

2) 워시 오프(wash off) 유형

일정 시간이 지난 후 물로 제거하며, 피부 자극이 적다.

3) 티슈 오프(tissue off) 유형

일정 시간이 지난 후 티슈로 닦아내며, 보습 및 영양 효과가 좋아 건성, 탄력 부족, 거친 피부에 매일 사용이 가능하다.

4. 유형에 따른 분류

1) 천연 팩

자연에서 얻는 재료를 으깨거나 갈아서 그대로 사용하는 것으로 사과, 딸기, 키위, 바나나, 오이, 감자 등이 있다.

2) 한방 팩

미용 효과가 있은 한방 재료를 가공하거나 분말화해서 사용하는 것으로 행인, 녹두, 토사자, 감초 등이 있다.

3) 화장품 팩

사용상 번거로움, 보관상 어려움 등 천연 팩이나 한방 팩의 단점을 보완하여 미용 성분을 추출, 제품화하여 사용한다.

5. 내용에 따른 분류

1) 파우더

분말의 형태로 증류수나 활성 용액을 섞어서 사용한다. 피부의 습기와 지방을 흡수하는 성질을 지니며, 분말 입자의 크기에 따라 흡수력이 다르다.

2) 크림

유화의 형태로 제품 도포 후 일정 시간이 지나면 유효 성분이 흡수된다.

3) 젤

수성의 젤 형태로 투명하고 촉촉한 느낌을 준다. 열 내림 효과와 진정 및 보습작용이 뛰어나다.

4) 점토

진흙 등의 점토 성분을 함유하며 피지 제거, 살균, 소독, 항염, 청정 및 정화작용이 뛰어나다.

5) 벨벳

특수 냉동, 건조시킨 천연 콜라겐이 주성분인 종이 형태의 마스크로 세포 재생과 보습의 효과가 뛰어나다.

6) 석고

석고 분말의 형태로 증류수나 석고용 특수 용액을 섞어서 사용한다. 열이 40도 이상 올라간 뒤, 식을 때까지 20~30분이 걸리며, 피부를 진공 상태로 만들고 열을 내므로 피부 깊숙이 배이므로 바르는 크림의 유효 성분을 흡수시킨다.

7) 왁스 마스크

밀랍, 파라핀, 바셀린, 미네랄 오일과 왁스를 혼합한 고체 상태의 왁스를 55도에서 녹여서 사용한다. 열 마스크로 영양 공급과 보습 효과가 뛰어나다.

6. 사용 시 주의 사항

① 염증 및 알레르기 피부는 시술을 피한다.
② 지나치게 예민한 피부는 재료 선택에 주의하고, 반드시 패치테스트를 실시한다.
③ 상처 난 부위와 수포가 생긴 곳은 도포하지 않는다.

④ 일반적으로 표피층의 두께가 얇은 눈 주위와 입술 주위는 제외하고 도포한다.
⑤ 피부 유형과 목적에 따라 적합한 팩을 선택한다.
⑥ 도포 후 심리적 안정을 위해 아이패드를 눈에 올려준다.
⑦ 제거 시 미지근한 물로 깨끗하게 제거하며, 해면을 사용할 경우 너무 세게 닦아내어 피부에 자극이 되지 않도록 한다.
⑧ 경과 시간은 일반적으로 15~20분 정도이나, 제품의 사용법을 따른다.
⑨ 눈과 입을 덮는 형태는 고객이 불편함이 있을 경우 신호를 보낼 수 있도록 사전에 알려주고, 고객의 주변에서 불편함이 없는지를 관찰한다.

7. 도포 전 준비 사항

① 팩에 있는 유효 성분의 피부 흡수가 방해되지 않도록 피부의 각질, 피지, 더러움, 먼지 등을 제거해야 한다.
② 마사지 후에는 반드시 피부의 유분기를 완전히 제거한다.
③ 팩에 있는 유효 성분의 흡수를 높이기 위해 적외선 기구를 준비한다.

8. 팩 바르는 방법

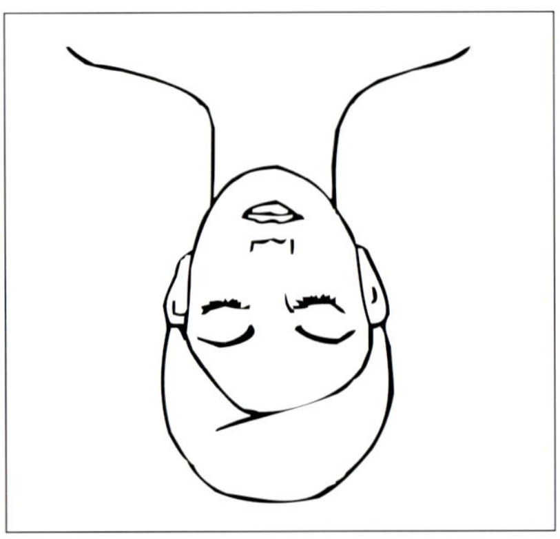

1 유분기 제거

피부의 유분기를 완전히 제거한다.

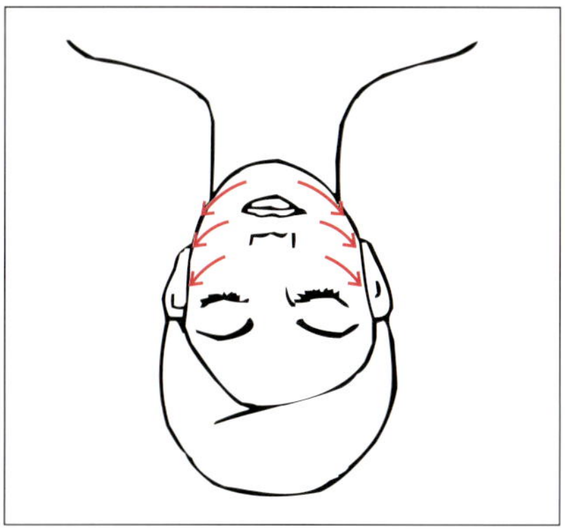

2 턱에서 뺨으로 바르기

팩 브러시를 이용하여 한쪽 턱에서 뺨으로 안쪽에서 바깥쪽으로 바르며 위쪽으로 올라간다. 반대쪽도 같은 방법을 따른다. (눈 주위, 입 주위는 제외)

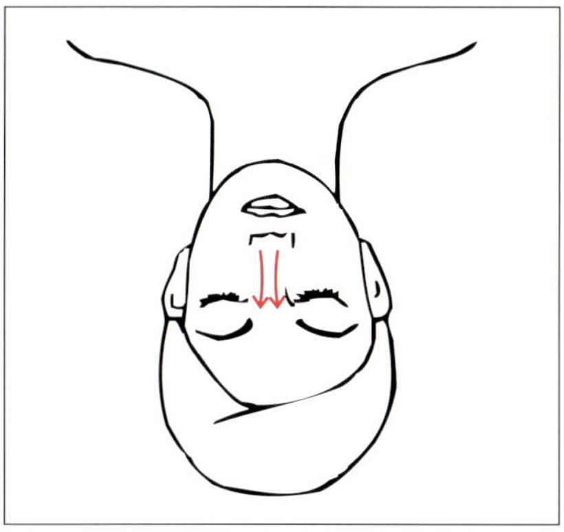

3 코에 바르기

코는 아래쪽에서 위쪽 방향으로 바른다.

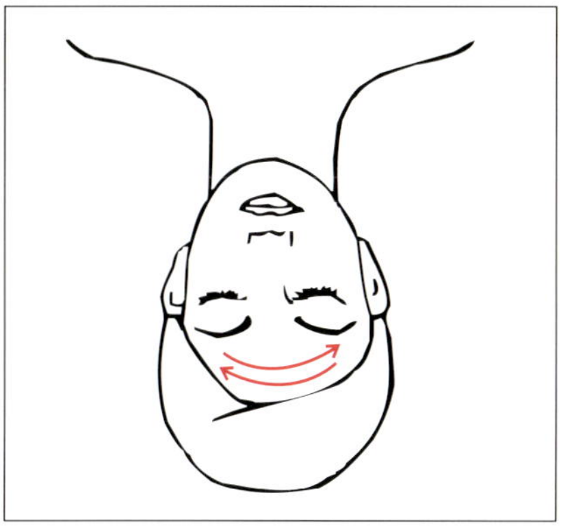

4 이마 바르기

이마는 옆으로 바르면서 뺨과 연결하면서 바른다.

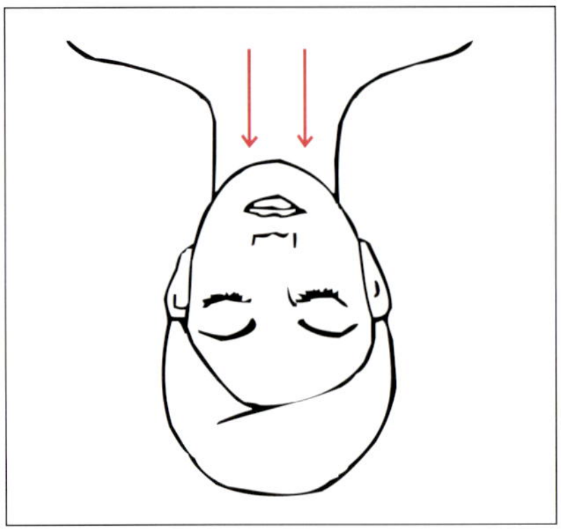

5 목 바르기

목은 아래쪽에서 위쪽 방향으로 끌어올리듯이 부드럽게 바른다.

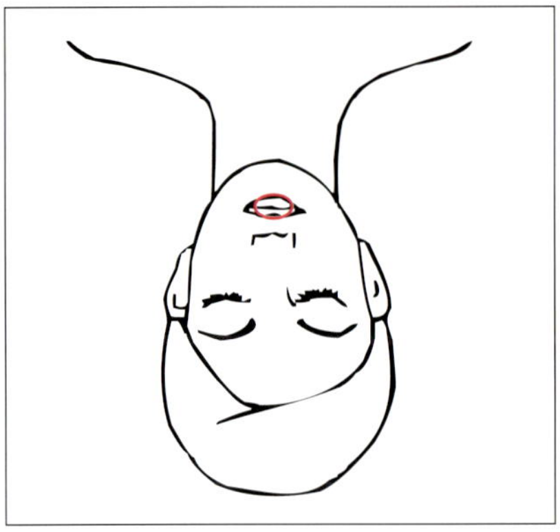

6 입술에 보습제 바르기

입술은 건조하지 않도록 보습제를 바른다.

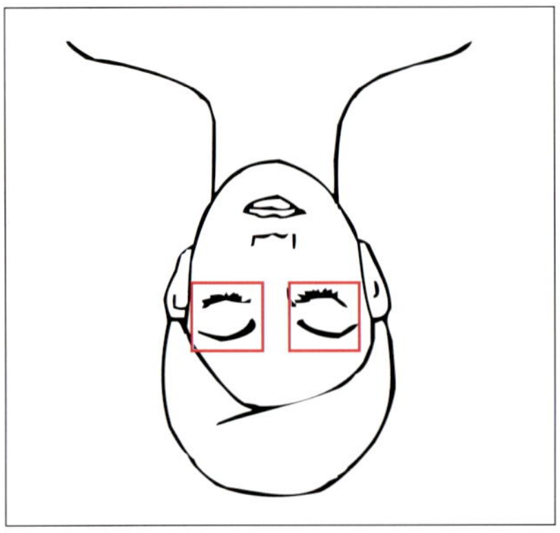

7 눈에 아이패드 올리기

아이패드로 눈을 보호한다.

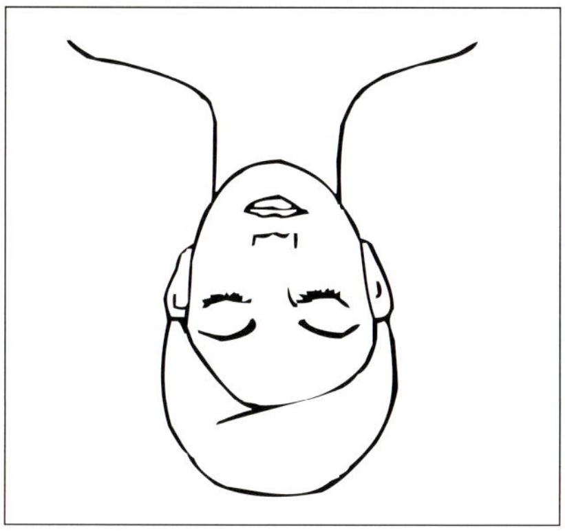

8 터번 풀어주기

고객이 편안하도록 터번을 풀어준다.

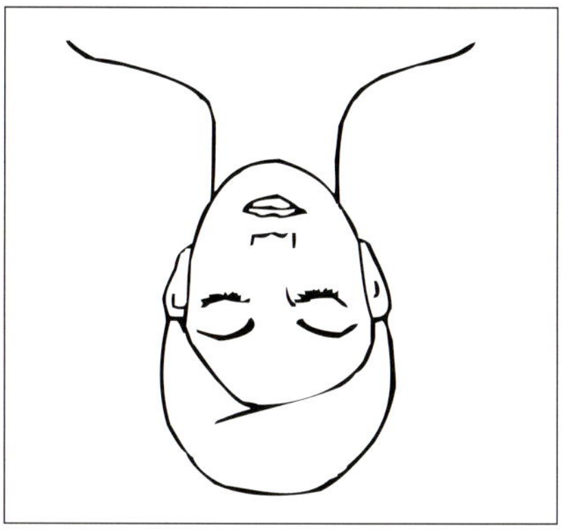

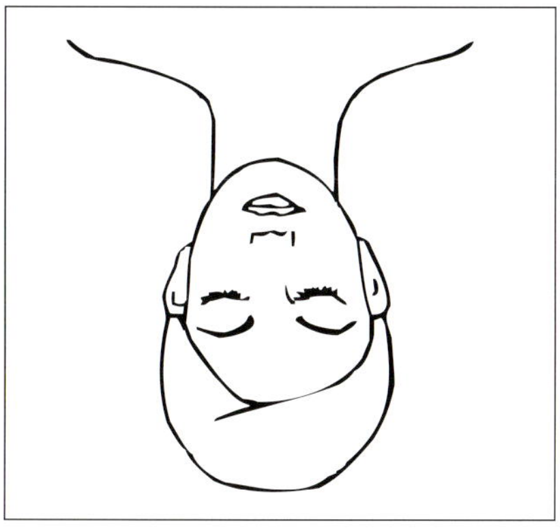

15 모델링 마스크

1. 모델링 마스크(Modeling mask)

얼굴의 윤곽을 만들어 준다는 의미로, 석고 마스크(Thermo modeling mask)와 고무 마스크(Algae mask, Seaweed mask)를 모델링 마스크(Modeling mask)라고 부르기도 한다.

2. 모델링 마스크의 종류

1) 석고 마스크

(1) 주성분

크리스탈, 벤토나이트, 황산칼륨 등

(2) 특징

석고 자체에는 영양이 없으나 석고 밑에 도포하는 베이스크림과 앰플의 종류에 따라 작용이 달라지며, 피부를 진공상태로 만든 후에 발한을 촉진시켜 보습 효과를 높이고, 피부의 온도(약 40℃)를 약 8~15분 정도 서서히 열을 올리다 서서히 식혀주는 방법으로 베이스에 바르는 성분의 효과를 극대화하는 방법이다.

(3) 효과

열을 내게 함으로 고객에게 바른 앰플 및 영양크림의 유효 성분을 피부 깊숙이 많이 침투시킨다. 피부의 피지, 각질 등의 노폐물을 흡착한다. 혈액순환을 원활하게 하여 피부에 생기와 탄력을 부여한다.

(4) 적용 피부

노화, 건성, 정상피부에 효과적

(5) 주의사항

① 석고는 시간이 경과함에 따라 응고됨으로 가능한 빠른 동작으로 스파츌라를 사용하여 바른다. 석고 도포 시 석고 양을 균형 있게 발라 전체적인 두께가 일정하면 열 효과를 더 얻을 수 있다.

② 석고팩 볼에 남아 있는 잔여 석고는 절대로 세면대에서 바로 씻지 말고 응고 후 스패튤라로 잘 부서뜨려 제거한 후 쓰레기통에 버린다.

③ 시술전 고객에게 반드시 밀실 공포증 여부를 문의해야 하며, 충농증이 있는 경우 코와 입 주위는 석고를 바르지 않은 채 열어 놓아야 한다.

④ 열이 잘 오르지 않을 경우 마른 타월을 덮어주면 도움이 되며, 이때에도 코와 입은 개방해 두어야 한다.

(6) 금기증

예민 피부, 화농성 여드름이 동반된 피부, 사우나 직후로 피부가 달아오른 경우, 모세혈관확장피부, 안면에 피부병이 있는 피부, 얼굴에 열이 있는 피부, 일광 후 홍반현상이 발생한 경우, 강한 필링 시술 후에는 사용을 금한다.

(7) 석고 마스크 사용방법

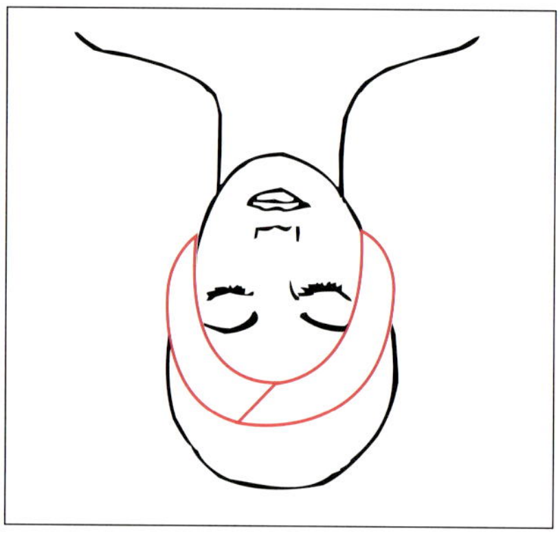

1 티슈로 이마 가장자리 보호하기

머리카락이 빠져나오지 않도록 터번을 정리해 주고 헤어라인을 티슈로 감싸 마스크가 헤어에 붙지 않도록 준비한다(귀는 터번으로 가려준다).

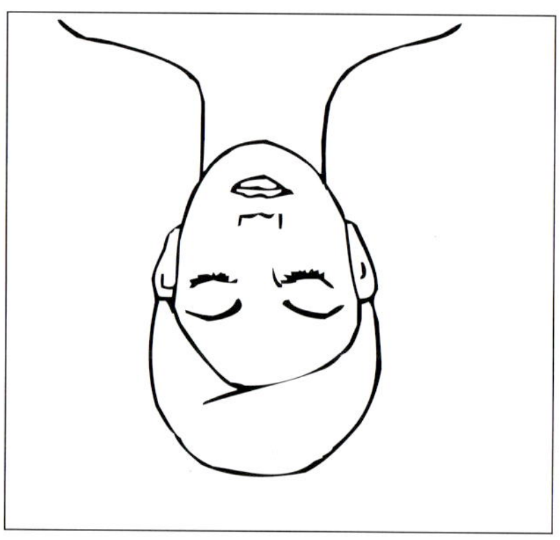

2 앰플 도포

피부 타입에 맞는 앰플 또는 고농축 세럼을 도포한다.

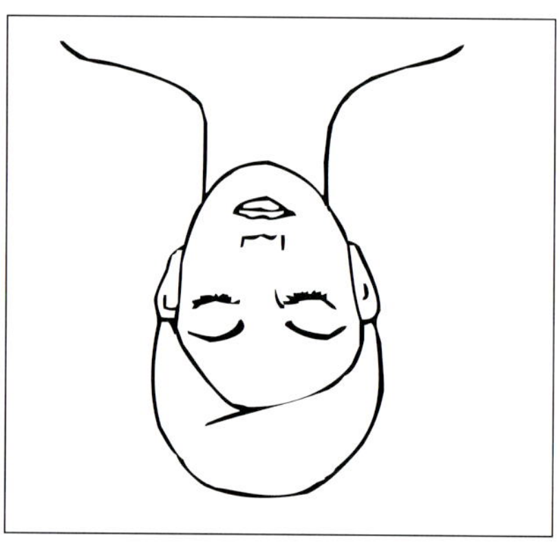

3 입술과 눈에 보호 크림 바르기

눈과 입술에 보호 크림을 바른 후, 젖은 솜을 이용하여 가려준다.

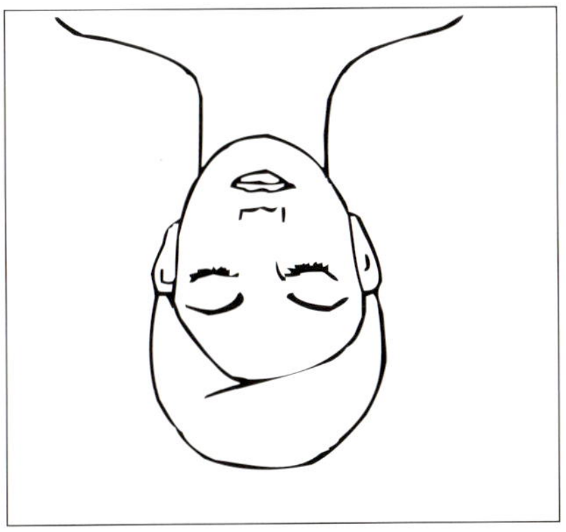

4 영양크림 도포하기

얼굴 전체에 영양크림을 두텁게 바른다.

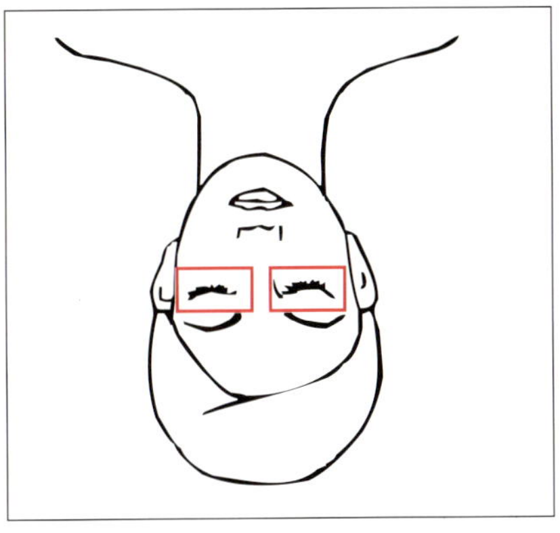

5 눈에 화장솜 올리기

눈을 보호할 수 있도록 젖은 화장솜으로 눈을 덮어 준다.

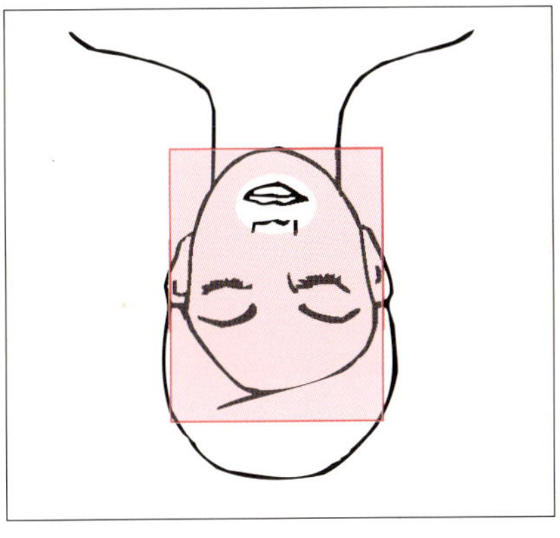

6 젖은 거즈 올리기

숨을 쉴 수 있도록 코와 입에 구멍을 낸 젖은 거즈를 얼굴에 밀착시킨다.

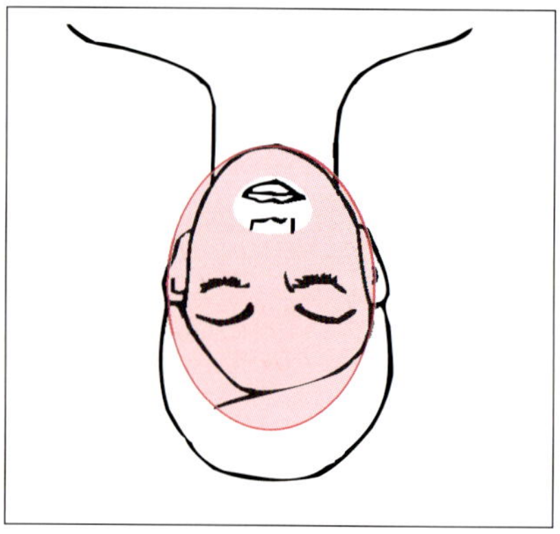

7 석고 마스크 바르기

석고가 너무 묽거나 되지 않도록 반죽을 한 후. 스패튤라를 이용하여 턱에서 뺨, 이마, 눈, 코의 순서로 일정하게 바른다. 고객이 불편해 하지 않는 한 입과 눈에도 모두 발라주며, 반드시 숨을 쉴 수 있도록 코 구멍이 막히지 않도록 주의한다(코가 막혀 숨쉬기 불편한 고객은 반드시 입을 열어주어 숨을 쉬는데 불편함이 없도록 해야 한다).

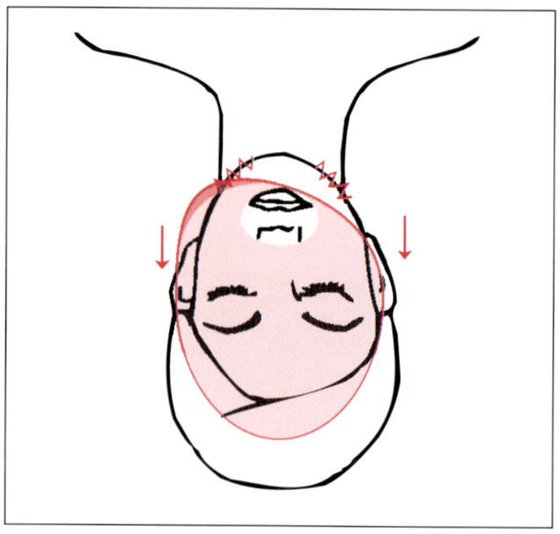

8 석고 마스크 떼어내기

열이 완전히 식으면 턱선에 양손을 대어 가볍게 석고 마스크를 움직인 후 아래에서 위로 떼어낸다.

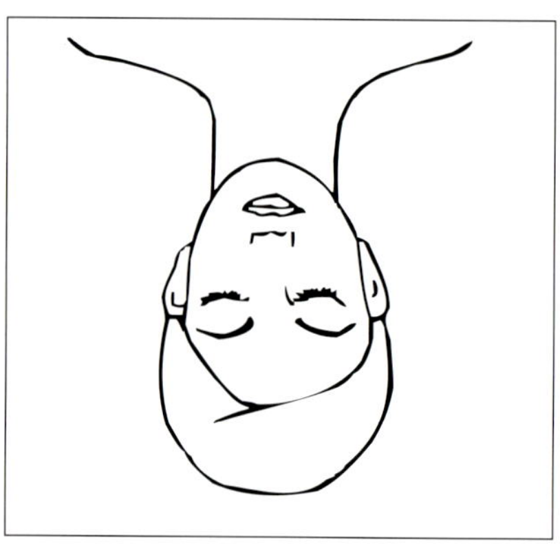

9 잔여물 제거하기

해면을 이용하여 잔여물을 제거하고, 찬 습포를 이용하여 다시 한번 닦아낸다

2) 고무 마스크

(1) 주성분

해초에서 추출한 알긴산 등이며, 해조류 중 갈색 해조류와 녹색 해조류에서 주로 활성 성분을 추출해 낸다.

(2) 특징

① 주로 해조류 또는 해초에서 추출한 다양한 활성 성분이 주성분인 마스크로 파우더 상태로 되어 있으며, 제품에 따라 정제수나 특수 용액(솔루션, 토너), 젤과 혼합하여 바르면 마치 고무막과 유사하게 응고되면서 마스크의 활성 성분이 피부에 흡수된다.
② 얼굴 및 전신의 피부에 적절하게 사용할 수 있다(바디에는 슬리밍, 탄력의 효과로 많이 사용).
③ 특히 예민 피부 또는 여드름 피부 등 모든 피부에 사용이 가능하다.

(3) 효과

① 세럼 또는 앰플을 발랐을 경우, 차단막의 효과로 세럼에 함유되어 있는 활성 성분이 효과적으로 피부에 흡수된다(마스크 자체 활성 성분으로의 효과도 크다).
② 피부의 홍반 또는 발적 현상을 빠르게 진정시켜 준다.
③ 피부의 해독 및 수분 공급을 준다.
④ 피부 온도를 낮춰 줌(쿨링 작용)으로 림프관의 순환을 촉진해 준다.
⑤ 눈 주위의 부종 또는 부기를 감소시킨다.
⑥ 피부에 윤기를 부여해 주고, 모공을 수축시킨다.
⑦ 피부에 탄력과 촉촉감을 준다.

(4) 고무 마스크 사용방법

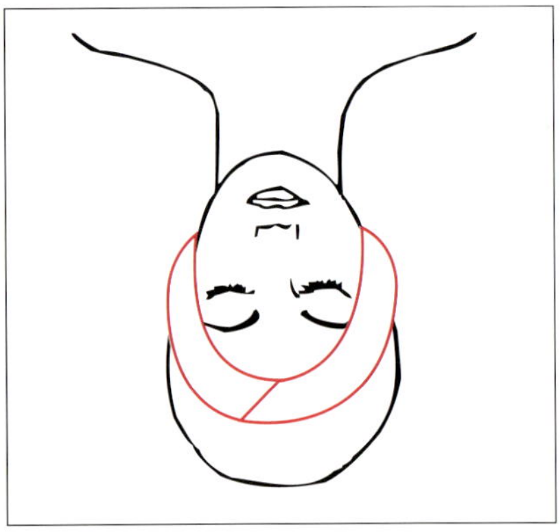

1 티슈로 이마 가장자리 보호하기

터번으로 머리와 귀를 덮어 준비한다. 헤어에 마스크가 붙지 않도록 티슈로 헤어라인을 감싸준다.

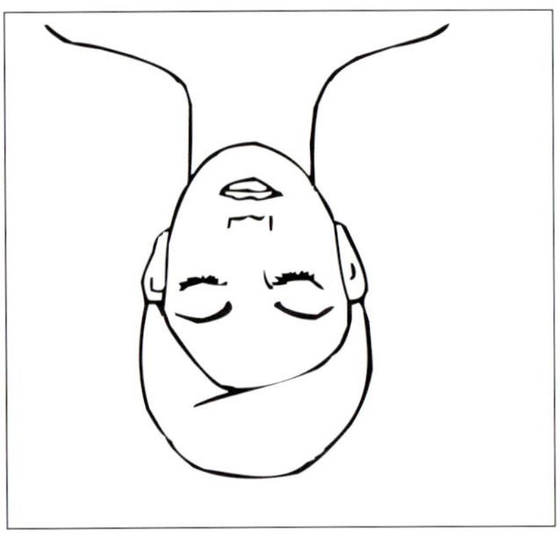

2 입술과 눈에 보호 크림 바르기

입술과 눈에 마스크가 붙어 자극이 되지 않도록 보호 크림(아이크림, 립밤)을 발라준다.

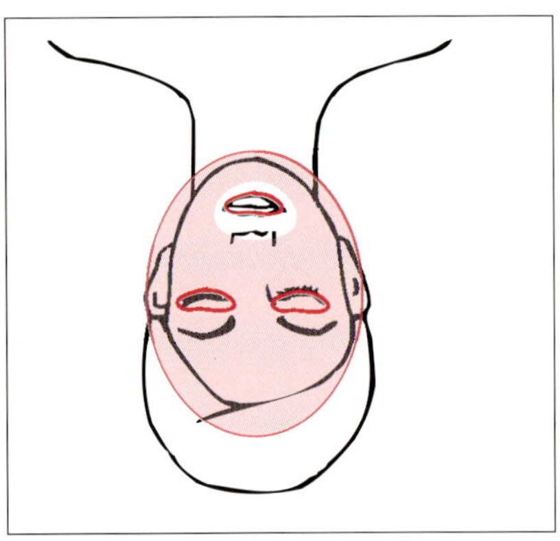

3 고무 마스크 올리기

고무 마스크가 너무 묽거나 되지 않도록 반죽하여 준비한 후 스패튤라를 이용하여 턱에서 뺨, 이마, 눈, 코의 순서로 일정하게 바른다. 고객이 불편해 하지 않는 한 입과 눈에도 모두 발라주며, 반드시 숨을 쉴 수 있도록 콧구멍이 막히지 않도록 주의한다.

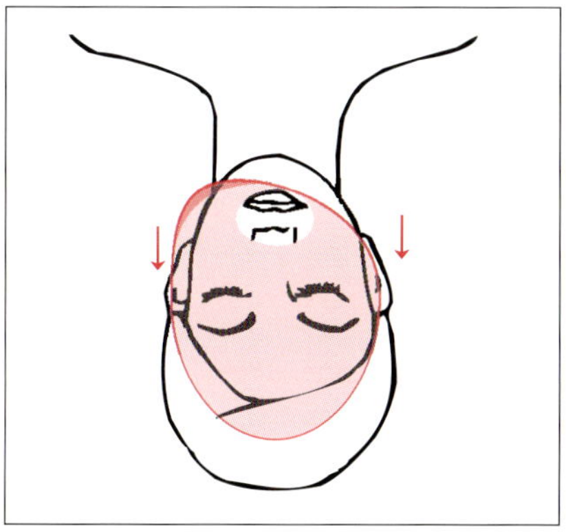

4 고무 마스크 떼어내기

얼굴 아래쪽(턱쪽 또는 목)에서 위쪽으로 고무 마스크를 떼어낸다.

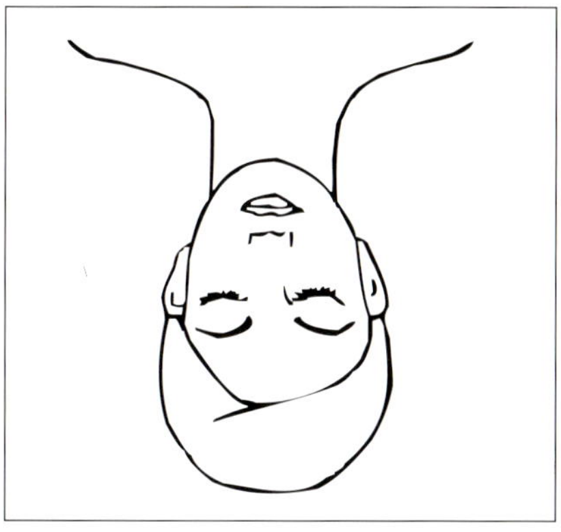

5 잔여물 제거하기

해면을 이용하여 잔여물을 제거하고 찬 습포를 이용하여 다시 한번 닦아낸다.

16 | 마무리 단계

1. 제품 마무리

① 피부 타입에 맞는 화장수를 화장솜에 묻혀 눈 → 뺨 → 턱 → 이마 → 코 순으로 피부 결을 따라 부드럽게 닦아내듯이 하거나, 가볍게 두들기듯 바른다.

② 아이 크림이나 젤을 부드럽게 바른 후 가볍게 두들겨 흡수시킨다.

③ 세럼을 얼굴 전체, 목에 부드럽게 바른 후 가볍게 두들겨 흡수시킨다.

④ 크림을 얼굴 전체, 목에 부드럽게 바른 후 가볍게 두들겨 흡수시킨다.

⑤ 자외선 차단제를 얼굴 전체, 목에 부드럽게 바른 후 가볍게 두들겨 흡수시킨다. (고객에게 꼭 물어본 후 바른다.)

2. 마무리 동작

<table>
<tr><td>

1. 머리카락 쓸어주기

터번을 풀고 열 손가락을 모두 사용하여 머리카락을 골고루 쓸어내린다.

</td><td>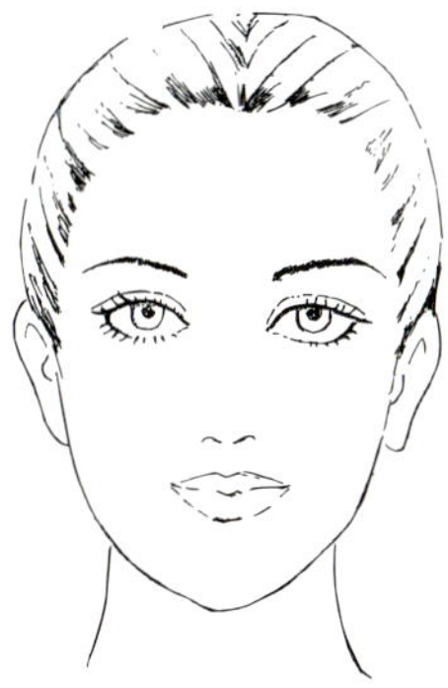</td></tr>
<tr><td>

2. 뒷목 풀어주기

한 손으로 머리를 받치고, 다른 한 손으로 뒷목을 골고루 손가락으로 집어주며 풀어준다

</td><td>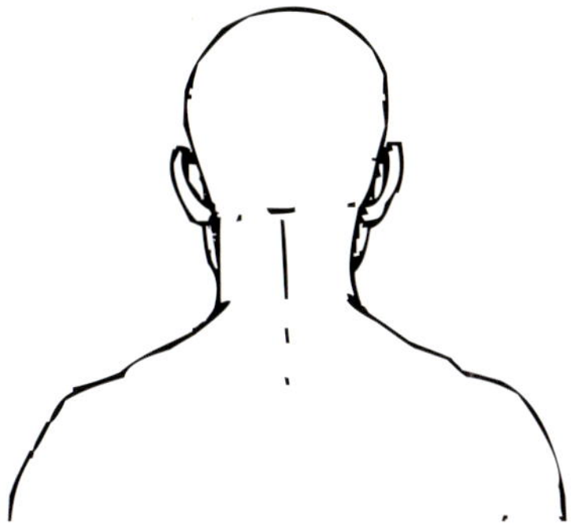</td></tr>
<tr><td>

3. 뒷목 지압점 눌러주기

양손으로 뒷머리를 받치고, 열 손가락을 연수, 천주, 풍지, 완골치 부위에 대고 잡아당기듯 지그시 눌러준다.

</td><td>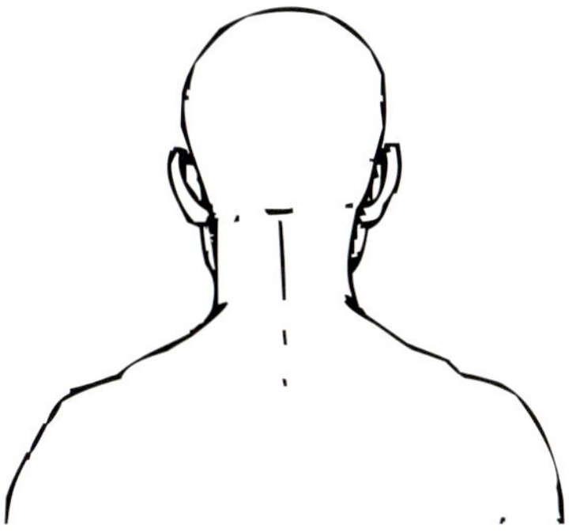</td></tr>
</table>

4. 목, 어깨 풀어주기

오른손은 고객의 왼쪽 어깨 위로 왼손을 오른쪽 어깨 위에 교차로 올려놓고, 약간 누르며 머리를 조금씩 들어올렸다 내린다.(6회)

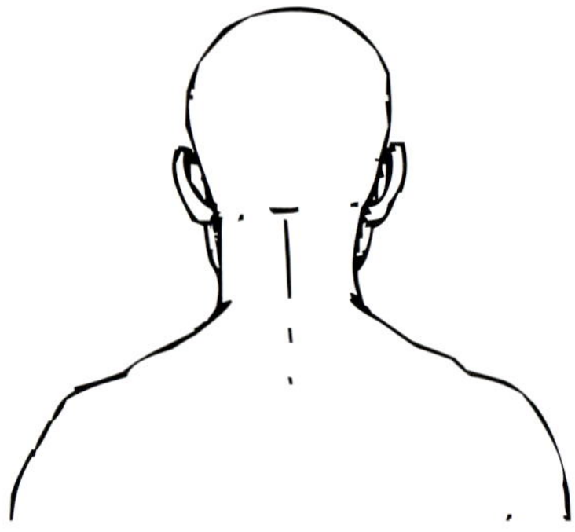

5. 옆머리 눌러주기

고개를 양손으로 가볍게 옆으로 돌려놓고 손바닥을 겹쳐서 측두부를 눌러준다.

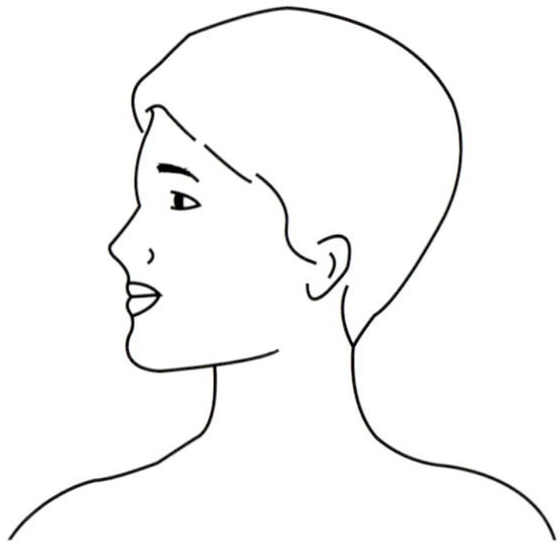

6. 귀와 귀 주위 비벼주기

양손으로 귀와 귀 주위를 골고루 비벼준다.

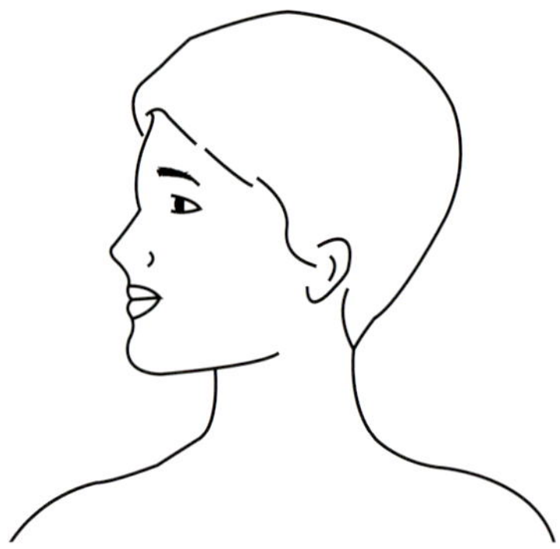

7. 두피 눌러주기

두피를 손가락의 지문 부위를 이용해 골고루 눌러주고, 백회를 양 엄지손가락을 겹쳐서 지그시 눌러준다.

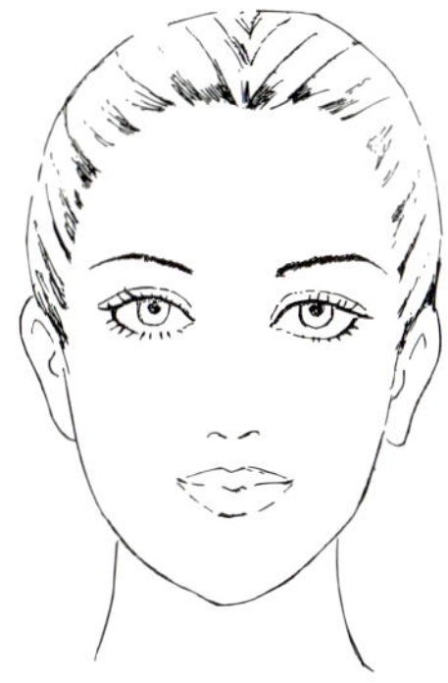

8. 두피 집어주기

두피를 양 손가락의 지문 부위로 골고루 튕기듯이 집어준다.

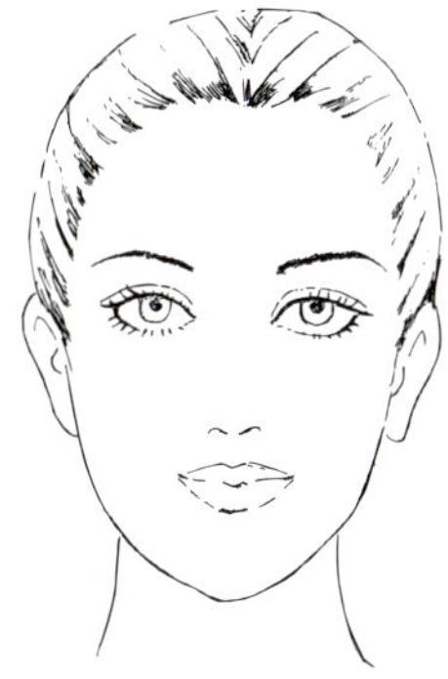

9. 어깨 집어주기

어깨를 골고루 집어주고, 어깨의 중앙 부분(견정)을 엄지손가락으로 지그시 눌러준다.

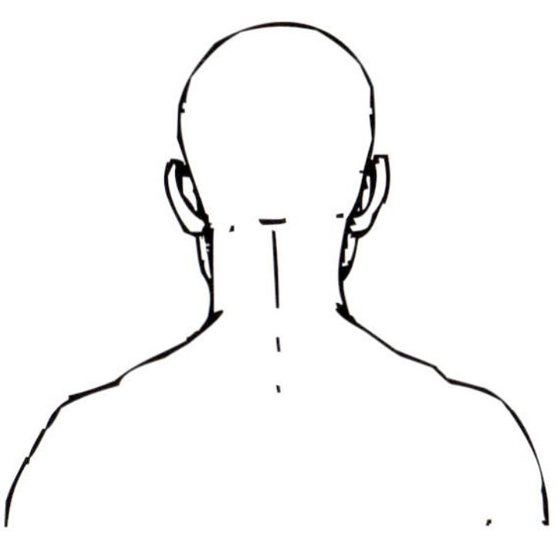

10. 위팔 눌러주기

팔을 머리 쪽으로 올린 후 액와 부위와 팔 위쪽을 손바닥으로 지그시 누른다.

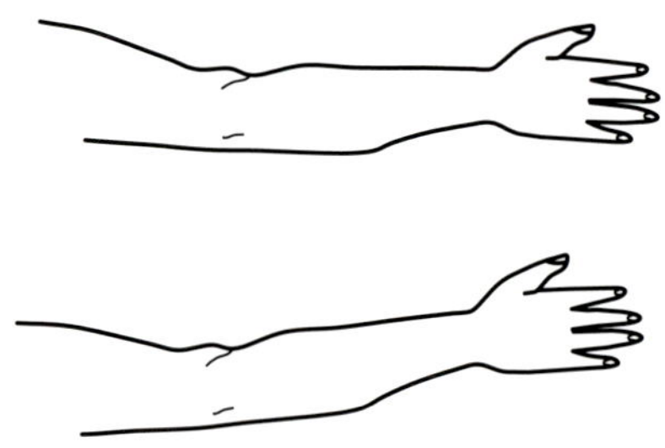

11. 팔 떨어주기

손목을 잡고 팔을 가볍게 머리 위쪽으로 당겨 흔들어 준 후, 가볍게 내린다.

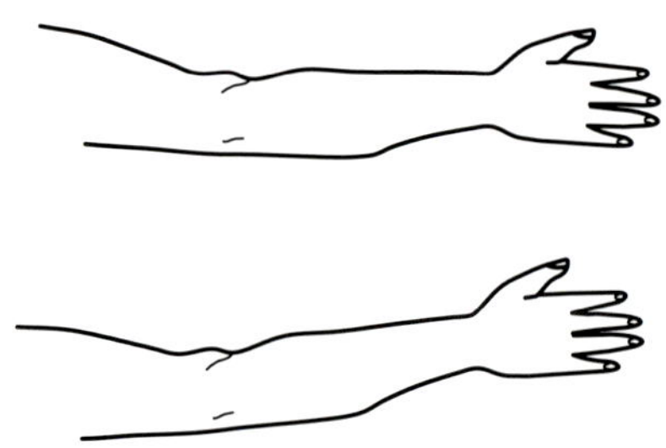

(주의 사항)

1. 마무리 동작은 정성껏 조심스럽게 한다.
2. 팔을 올리고 내릴 때나 머리를 들 때 무리가 가지 않도록 조심스럽게 한다.
3. 손톱이 닿지 않도록 주의한다.
4. 고객의 표정을 살피면서 세기나 압을 조절하고, 리듬감 있고 천천히 한다.

[INDEX]

찾아보기

■ 참고문헌

- 《피부관리실습서》, 이연희 지음, 정담미디어
- 《에스테틱 실기》, 김봉인 저, 화장품출판사
- 《베이직 마사지 테크닉》, 홍승정 외, 광문각
- 《Visual anatomy & physiology》, 대경출판사
- 《피부관리학》, 차영애 외, 훈민사
- 《베이직 에스테틱》, 김광옥 외, 도서출판 성화
- 《살롱 트리트먼트》, 강신옥 외, 훈민사
- 《피부관리학》. 김영숙 편저. 현문사
- 《피부관리학》. 김유정 편저, 현문사

〈저자 소개〉

이연희(혜전대학교 미용계열 교수)
홍승정(수원여자대학교 미용예술학과 겸임교수)
장매화(국민대학교 대체건강관리전공 글로벌뷰티케어전공 학사과정 주임교수)
김현화(안동과학대학 뷰티아트과 교수)
종서우(서경대학교 평생교육원, 명지전문대학 피부미용과 겸임교수)

기초실무 안면 피부관리

2012년 3월 2일 1판 1쇄 인쇄
2012년 3월 7일 1판 1쇄 발행

지은이: 이연희·홍승정·장매화·김현화·종서우
펴낸이: 박 정 태

펴낸곳: **광 문 각**

413-756
경기도 파주시 문발동 파주출판문화도시
500-8번지 광문각빌딩 4층
등 록: 1991. 5. 31 제12-484호
전화(代): 031)955-8787
팩 스: 031)955-3730
E-mail: kwangmk@unitel.co.kr
홈페이지: www.kwangmoonkag.co.kr

ISBN : 978-89-7093-667-3 93590

정가 : 17,000원